分类有机垃圾的终端厌氧处理技术

王　星　施振华　赵由才　编著

北　京
冶　金　工　业　出　版　社
2018

内 容 提 要

本书简要介绍了我国实施生活垃圾分类工作以来的相关法规制度并提出相关建议，对生活垃圾前端分选设备及工艺、分类后有机垃圾的终端厌氧处理技术进行了介绍，同时对我国西南部两个重要城市成都和重庆的生活垃圾分类及处理工作进行现状分析。

本书可供环境工程、市政工程、城市规划专业的工程技术人员阅读，也可供各地环保局、城管局、农业部门、各环保投资机构参考。

图书在版编目(CIP)数据

分类有机垃圾的终端厌氧处理技术/王星，施振华，赵由才编著. —北京：冶金工业出版社，2018.1
(实用农村环境保护知识丛书)
ISBN 978-7-5024-7664-9

Ⅰ.①分… Ⅱ.①王… ②施… ③赵… Ⅲ.①有机垃圾—厌氧处理 Ⅳ.①X705

中国版本图书馆 CIP 数据核字（2017）第 320155 号

出 版 人 谭学余
地　　址 北京市东城区嵩祝院北巷 39 号 邮编 100009 电话 (010)64027926
网　　址 www.cnmip.com.cn 电子信箱 yjcbs@cnmip.com.cn
责任编辑 杨盈园 美术编辑 杨 帆 版式设计 孙跃红
责任校对 郑 娟 责任印制 李玉山
ISBN 978-7-5024-7664-9
冶金工业出版社出版发行；各地新华书店经销；三河市双峰印刷装订有限公司印刷
2018 年 1 月第 1 版，2018 年 1 月第 1 次印刷
169mm×239mm；9.5 印张；182 千字；141 页
44.00 元

冶金工业出版社 投稿电话 (010)64027932 投稿信箱 tougao@cnmip.com.cn
冶金工业出版社营销中心 电话 (010)64044283 传真 (010)64027893
冶金书店 地址 北京市东四西大街 46 号(100010) 电话 (010)65289081(兼传真)
冶金工业出版社天猫旗舰店 yjgycbs.tmall.com
(本书如有印装质量问题，本社营销中心负责退换)

前　言

2017年3月，国家发展和改革委员会、住房和城乡建设部联合出台了《生活垃圾分类制度实施方案》，对生活垃圾的前端分类、后端处置提出了指导意见和实施要求。为响应《生活垃圾分类制度实施方案》的推进工作，本书对有机固体废弃物的后端资源化处理、终端处置技术进行了介绍。

本书将围绕生活垃圾源头分类制度推进工作、垃圾分选组合工艺、餐厨垃圾湿式厌氧消化技术等内容，对农村生活垃圾管理现状、农村生活垃圾处理模式，以及涉及的法规进行了分析和解读。

本书由王星、施振华、赵由才编著。编写人员的编纂分工如下：北京首创环境投资有限公司的施振华、王星编写第一章，苏州嘉诺环境工程有限公司的袁靖、周祥和王星编写第二章，中国科学院成都生物研究所李东编写第三章，王星编写第四章，成都市城市环境管理科学研究院的蒋宇编写第五章。

本书的编写工作得到了北京首创环境投资有限公司、苏州嘉诺环境工程有限公司、上海达熠电气技术有限公司、上海毅知实业有限公司的大力支持，特此表示感谢。

由于编者水平有限，书中若有不妥之处，欢迎读者在使用本书的过程中提出宝贵意见和建议，以便我们在以后的工作中加以修正。

作　者

2017年9月

前　言

目　录

我国垃圾分类法规制度的演变及相关建议

1.1 生活垃圾源头分类制度的演变

目前，我国以宪法为基础的城市生活垃圾污染防治立法体系已初步形成，即包括宪法、法律、行政法规、地方性法规和环境保护技术标准等在内的初步法律体系架构。但是由于我国目前对城市生活垃圾污染防治的研究刚刚起步，现阶段大多数研究成果还流于形式和表面，现有的法律体系中也有很多不足之处，甚至还存在着很多目前法律法规没有涉及的空白领域，因此，我国构建并完善城市生活垃圾相关法律体系还有一段很长的路要走。

垃圾分类处理工作的顺利开展，在依靠市场机制进行调节的同时，仍还要依靠国家法律强制力，必须建构起我国城市生活垃圾分类的法律体系并不断对其进行完善。运用法律法规对垃圾分类处理进行规定，不仅让垃圾分类处理工作有章可循、有法可依，也能够明确相关主体在城市生活垃圾分类处理工作中的权责义务，对违反法律规定的行为也能够依照法律规定加以制裁，做到有法可依、有法必依、执法必严、违法必究。

早在 1996 年，我国颁布了《固体废物污染环境防治法》，该法于 2004 年进行了修订，要求对生活垃圾要逐步实现分类回收。城市生活垃圾分类制度经过多年的发展，我国现在已经在各个层级的法律对城市生活垃圾分类回收作了规定。但是这些法律规定大多缺少细则，而且存在许多的问题。

1.1.1 我国环保制度的演变

1.1.1.1 行政法规

《城市市容和环境卫生管理条例》明确了政府市容环境卫生行政主管部门为垃圾分类回收的监管主体。该条例第二十八条第二款中，明确了单位和个人按规定倾倒垃圾的义务；第四款规定了政府的分类回收义务。在第四章罚则中，对不按规定倾倒垃圾者设置了处罚措施。虽然对生活垃圾源头分类做出了强制规定，但没有明确具体罚款数额。

国务院于 2009 年颁布 2011 年 1 月 1 日起施行的《废弃电器电子产品回收处理管理条例》，主要为解决我国数量巨大的报废电器电子产品对环境的污染问题。

它是《固体废物污染防治法》配套的一部管理条例，在我国垃圾分类回收的相关行政法规中，仅针对生活垃圾中废弃电器电子产品，制定了专门的管理条例，而对于生活垃圾中其他的部分，例如厨余垃圾、废弃饮料瓶和废旧家电等却未颁布有针对性的管理条例。另外，《城市市容和环境卫生管理条例》中，提出对于城市生活垃圾要逐步实现分类回收，循环利用，却没有具体的实施细则。

1.1.1.2　部门规章

1993年制定2007年修订的《城市生活垃圾管理办法》通过立法的方式大力倡导城市生活垃圾处理市场化的法律，对我国城市生活垃圾的处理的整个过程以及其中涉及相关部门的监管责任、违法者的责任都进行了较为详实的规定。该办法提出了循环经济的立法理念，该理念将垃圾看作一种资源，提出以减量化、资源化、无害化作为对城市生活垃圾的治理原则。该办法在生活垃圾源头分类、分类回收方面较其他法律法规有很大的突破。该办法第3条规定了城市生活垃圾治理要坚持谁生产谁负责，同时要遵守减量化、资源化、无害化的原则。国家需要从经济、技术政策和措施等方面来推动城市生活垃圾固体废物综合处理，不断提高城市生活垃圾处理的科技水平，保障城市生活垃圾分类处理工作的开展。

该办法在生活垃圾源头分类、分类回收中有几大进步。首先，该办法规定包括居民在内的垃圾制造者必须对所产生的生活垃圾缴纳垃圾处理费用。其次，我国其他法律法规中，虽然也有分类回收方面的规定，但其主体是企业和公民，而该办法则明确了个人的分类义务，也就是落实到了源头分类，这是一大进步。第三，该办法规定了不缴费主体的法律责任，同时明确了对于违法居民的惩罚措施，处以200元以下的罚款，拥有较强的可实施性。这是该办法中三个较大的进步。虽然在罚则部分规定的处罚额度较低，而且处罚细则不是很明确，但从政策演变的角度，仍然算是一大进步。

1.1.1.3　地方层面的制度演变

从20世纪70年代起，垃圾分类这个词语开始出现在人们的视线里，特别是2000年建设部选取北京、上海、杭州等8个城市成为垃圾分类回收试点以后，我国开展垃圾分类已经17年了，人们垃圾分类的意识得到了一定提升，但是实施效果却并不明显。根本原因是以往垃圾分类的目标和途径不够清晰和明确。以前垃圾分类主要着眼于可回收物，有废品回收再利用系统，还有环卫系统，这两个系统一直没有有效衔接，存在一些矛盾和问题。要把垃圾分类做好，同样可回收物必须要和现有的废品回收系统衔接起来，没有衔接实际上是没有打通，废品回收利用系统是一个主渠道，如果这两个没有衔接，所做的实际上是没有意义的。垃圾分类是垃圾处理发展到成熟阶段、高级阶段的必然结果和内在要求。之

前我国部分城市推行垃圾分类收效甚微，其中一个重要原因就是尚未建成现代化的垃圾处理设施。之前垃圾处理的主要矛盾是无害化处理设施不足、能力不够、水平不高，分类处理的条件还不成熟。如今，随着生活垃圾分类处置的技术、设施不断发展与更新，垃圾分类的重要性和紧迫性又重新搬上了舞台。

2016 年 6 月 15 日，国家发改委、住建部发布《垃圾强制分类制度方案（征求意见稿）》。时隔 8 个月，2017 年 3 月 30 日，国家发改委、住建部颁布《生活垃圾分类制度实施方案》，要求在全国 46 个城市先行实施生活垃圾强制分类。垃圾强制分类制度从《征求意见》到正式《实施方案》，标志着中国的垃圾分类市场正式拉开大幕。先行实施强制垃圾分类城市实施方案的进展情况见表 1-1。

表 1-1　先行实施强制垃圾分类城市实施方案的进展情况

序号	省会（直辖市）	生活垃圾产量（2015 年）/万吨 · 年$^{-1}$	是否发布政策文件
1	北京	790. 3	北京市通州区垃圾减量工作实施方案（2017/1/24）。《关于进一步推进垃圾分类工作的实施意见》编制发布，提出建立“一长四员”制度（2017/5/25）
2	上海	789. 9	上海市 2017 年生活垃圾分类减量工作实施方案（2017/3/6）
3	天津	284. 7	按照市人大常委会 2017 年度立法计划，《天津市生活垃圾管理条例》列为预备审议项目，为确保《条例》草案起草顺利进行，市市容园林委日前正式成立立法工作领导小组，统筹负责立法工作
4	重庆	626. 0	2017/4/3 重庆日报：主城区将实施生活垃圾强制分类。具体方案年底前出台
5	哈尔滨	143	2015 年 12 月，市政府拟制定《哈尔滨市城市生活垃圾处理费征收办法》。《办法》（征求意见稿）在征收范围、征收方式、法律责任等方面作了具体规定，对于应缴纳垃圾处理费而逾期仍不缴的，个人最高罚款 500 元
6	长春	132. 9	无
7	沈阳	262. 78	《沈阳市生活垃圾分类收集处置工作实施方案》和《沈阳市农村生活垃圾处理工作实施方案》（2014/7/14）
8	大连	93. 63	市城建局组织召开了垃圾分类工作专题会议。会议重点研究了《大连市城市生活垃圾分类试点工作实施方案》编写情况，对《实施方案》提出了具体修改意见，并明确了进度安排
9	石家庄	393（人口估算）	无

续表 1-1

序号	省会（直辖市）	生活垃圾产量(2015 年)/万吨·年$^{-1}$	是否发布政策文件
10	邯郸	344（人口估算）	无
11	兰州	114	《兰州新区城市垃圾处理管理办法》(2015/5/19)
12	西宁	85（人口估算）	《西宁市城西区城市生活垃圾分类改革试点实施方案》(2016/8)
13	西安	332.3	3 月 31 日下午，西安市城管局生活垃圾管理处孙建军说，肯定要实施生活垃圾分类，他们已经制定并上报了“2017~2019 西安市生活垃圾分类三年行动方案”
14	咸阳	29.5	无
15	郑州	103.7（2006 年）	正研究制定《郑州垃圾分类管理实施办法》《郑州市垃圾分类减量工作方案》
16	济南	173	4.22 报道：市城管部门已在部分街办社区开展试点，年底前出台相关强制分类落地办法
17	青岛	281	4.5 报道：《关于普遍推行生活垃圾分类制度的实施意见》正在征求各方意见
18	泰安	51.31	2011 年出台《泰安市生活垃圾分类减量化工作实施意见》，2012 年印发《关于推进全市垃圾分类收集处理工作的通知》，随后，《泰安市城市建筑垃圾处置管理办法》出台并实施，《泰安市餐厨废弃物管理办法》也即将出台
19	太原	159.2	2 月 14 日，尽快启动《太原市生活垃圾分类管理条例》立法工作
20	合肥	124.1	2 月 14 日，《巢湖市农村生活垃圾分类减量化处理和资源化利用工作实施方案》(2017/4/19)
21	铜陵	11.9	4 月 11 日，市环卫处已拟定相关办法，正在报请市政府审批，并且有望在本月起开始实施
22	武汉	328	无
23	宜昌	30.84	无
24	长沙	203	4 月 24 日，实施方案目前正在制定中
25	南京	348.5	《南京市建设国家生活垃圾分类示范城市实施方案》(2015/12/14)
26	苏州	201.58	2017 年苏州市生活垃圾分类处置工作行动方案(2017/3/6)

续表 1-1

序号	省会（直辖市）	生活垃圾产量（2015 年）/万吨·年$^{-1}$	是否发布政策文件
27	成都	467.5	4 月 10 日：召开全市城乡生活垃圾分类工作会，提到各区（市）县政府要按照目标要求，制定工作方案，明确路线图和时间表，安排专项工作经费，保质保量全面完成任务
28	广元	46.86	无
29	德阳	128（人口估算）	无
30	贵阳	111.9	无
31	昆明	142.03	4 月 23 日，《昆明市城乡生活垃圾分类工作实施方案》（以下简称《方案》）已草拟完成，正在向各单位征求意见。5 月 30 日前，全市要率先在党政机关启动垃圾强制分类，城市主次干道也将设置分类果皮箱，实现分类收集、分类运输、分类处理
32	杭州	378.78（2016 年）	《杭州市生活垃圾管理条例》（2015/8/24）
33	宁波	318.88	无
34	南昌	96.5	4 月 24 日，记者从南昌市城管委了解到，该市正酝酿和筹备《垃圾分类处理方案》，推动建设大型生活垃圾转运中心
35	宜春	200（人口估算）	无
36	广州	455.8	广州市生活垃圾分类管理规定（2015/6/20）
37	深圳	574.8	深圳市生活垃圾分类和减量管理办法（2015/6/23）
38	福州	114	无
39	厦门	94.45（2010 年）	厦门经济特区生活垃圾分类管理办法（草案征求意见稿）（2017/3/22）
40	海口	72.07（2014 年）	无
41	乌鲁木齐	138.54	无
42	呼和浩特	65.18	无
43	银川	50.61	银川市生活垃圾管理条例（2016/12/22）
44	南宁	118.96	《南宁经济技术开发区城市生活垃圾分类工作方案》
45	拉萨	27.99	无
46	日喀则	26（人口估算）	无

注：1. 出台完整政策方案的为数不多，大部分都处于酝酿状态，总体来说西部不如东部；
2. 没有出台方案不代表没有行动，很多城市还是有做相关工作和努力，比如选择垃圾分类试点、尝试互联网+垃圾分类等。

各地方对垃圾分类回收进行立法有多种形式，可以颁布专门的立法，也可以

涵盖在城市垃圾管理的法规中。例如，广州市制定了专门的分类管理办法《广州市城市生活垃圾分类管理暂行规定》，北京市制定了《北京市生活垃圾管理条例》。这些法规包括了以下内容：各城市根据实际情况具体规定的本城市的生活垃圾分类标准；垃圾分类回收过程中的各责任主体的义务；对垃圾分类回收的宣传教育；规定垃圾回收中投放、收集、运输、处理四个环节都要分类进行等。

2011年，广州市颁布了《广州市城市生活垃圾分类管理暂行规定》，这是我国城市生活垃圾分类管理方面的首部政府规章。与其他城市相比，《广州市城市生活垃圾分类管理暂行规定》中有一些制度创新值得借鉴。第十二条确立了对于垃圾分类回收收集容器，由设置责任人负责的法律制度。第十五条初步提出不同垃圾分别进行定期收集和每天定时收集的分类收集制度。该暂行规定第二十三条规定：确立从事垃圾分类作业的单位对城市生活垃圾分类回收信息统计报告制度。同时该规定确立了对违法行为的处罚制度，该规章针对不同的对象制定不同惩戒制度，对于居民个人不按规定丢弃生活垃圾的行为，如果已经要求进行改正而拒不改正的，可处罚款50元/次；单位有上述情况发生的，处罚款500元/m^3。但是，该规定处罚力度较轻，并未发挥明显的作用，仍需要进一步完善。

2017年8月2日，广州市城管委对外公布了全市100个生活垃圾强制分类生活居住样板小区名单。2017年11月，广州市城管委将牵头对照《广州市创建生活垃圾强制分类生活居住样板小区工作标准》要求，将对100个小区组织检查验收，得分90分以上（其中加分项目5分以上）的小区，将由市“固废办”授予“生活垃圾强制分类生活居住样板小区”称号。2017年9月起，广州市将启动开展生活垃圾强制分类的专项执法工作，主要针对机关、企事业单位和物业等单位，对于普通居民仍将宣传鼓励为主。

《北京市生活垃圾管理条例》自2012年3月1日起施行，第八条规定北京生活垃圾的收费原则，即强调要逐步确立计量收费制度。该条例设专章具体规定了垃圾的减量和分类。值得一提的是，其第五十三条确立了生活垃圾指导员制度。这项制度符合我国垃圾分类的基本国情，有利于实现垃圾从源头分类。同时第五十四条为了实现生活垃圾的减量化，明确规定可以通过奖励、表彰、积分等激励方式，提高居民对垃圾分类回收的积极性。

天津市在《中共天津市委关于“十二五”规划的建议》中指出：生活垃圾处理遵循减量化、资源化、无害化原则，大力提倡垃圾源头分类，实行生活垃圾分类收集、袋装压缩和无害化综合处理，统一规划生活垃圾处理设施。《天津市国民经济和社会发展第十二个五年规划纲要》中明确了必须坚持的指导原则：“全面提升城市规划建设管理水平，大力加强生态文明建设，构建资源节约型、环境友好型社会”。

2015年2月7日苏州市人民政府颁布了《2015年苏州市生活垃圾分类处置

工作行动方案》，以日常生活垃圾、餐厨垃圾、建筑垃圾、园林绿化废弃物、农贸市场有机垃圾为主要回收对象，开展生活垃圾大分流；将可回收物、有害垃圾、其他垃圾作为主要对象，以厨余垃圾为探索内容，开展生活垃圾细分类试点工作。

2015 年 8 月 1 日，《深圳市生活垃圾分类和减量管理办法》颁布实施，这也是一部用于规范垃圾分类和处理的地方性法规，管理办法中明确规定了垃圾分类和减量的责任主体，同时设计了相应奖惩制度。

今年初，上海发布《上海市单位生活垃圾强制分类实施方案》，明确要求全市范围内的单位实施生活垃圾强制分类，并对单位责任人在容器配置、源头分类投放收集等职责做出明确规定。2017 年 8 月 2 日，上海市城管局执法总队开出单位生活垃圾强制分类后的首张责令改正通知书。上海绿化市容部门称，根据《上海市单位生活垃圾强制分类实施方案》，至 2017 年底，上海要实现包括所有公共机构和企事业单位在内的单位生活垃圾强制分类全覆盖，因此，上海在 2017 年用了半年时间，进行广泛宣传，引导本市相关单位知晓强制分类制度。截至 2017 年 6 月底，上海已基本完成重点单位的垃圾强制分类告知单发放。此次大规模执法，是为将来上海生活垃圾强制分类造势和铺路。除了行政处罚，上海还将逐步试点“不分类，不收运”等强制措施，来倒逼相关单位实施生活垃圾强制分类。根据《上海市单位生活垃圾强制分类实施方案》，对拒不参加垃圾分类或分类垃圾质量严重不达标的单位，如果责令整改后仍拒不改正的，将采取延迟收运等措施，并在一定范围内进行公示，让其接受社会监督。

《立法法》修订后，地方立法权扩大，会有更多市级行政区根据本市的具体情况和实际需要，在不同宪法、法律、行政法规和本省、自治区的地方性法规相抵触的前提下制定有关环境保护方面的地方性法规和政府规章，不断健全和完善相关法律体系，更好地为各地实施城市生活垃圾分类处理服务。但我国关于垃圾分类回收的地方性法规和规章，各地立法水平不一。有的较为先进，有的仅仅是简单照搬，对于生活垃圾分类回收缺少制度创新，浪费立法资源。另外相较于我国的城市数量来说，我国垃圾分类回收的地方立法数目远远不够。

1.1.2 环境保护标准的演变

环境保护标准制定的目的是增强环境保护法律法规在实际运用中可操作性的技术规范，也是环境保护法律体系必不可少的重要组成部分。环境保护标准由环境质量标准、污染物排放标准、环境监测方法标准、国家环境标准样品标准和环境基础标准组成，这些标准不仅可以从源头上控制污染物排放，同时也是促进我国经济产业结构改革的重要文件。随着我国环境保护工作进入以保护环境优化经济增长阶段，环境标准逐渐成为市场准入的重要条件，因此必须重视环境保护标准的地位，重新审视其在环境保护工作中发挥的作用。

针对城市生活垃圾源头分类，建设部在2001年组织相关行业代表制定的一系列城市生活垃圾分类处理相关的技术标准——《垃圾分类收集方法与标识》、《垃圾分类收集名词术语》、《垃圾分类收集统计与评价标准》等，为我国的城市生活垃圾分类处理提供了运用于实践具体操作时的依据。

由建设部发布并于2004年12月1日起颁布实施的《城市生活垃圾分类及其评价标准》将城市生活垃圾分类为六大类：可回收物、大件垃圾、可堆肥垃圾、可燃垃圾、有害垃圾、其他垃圾。各个地方城市根据当地生活垃圾成分特点，考虑居民生活习惯和接受程度，结合所在地垃圾末端处理情况的，针对生活垃圾分类也都有不同的标准：北京市将生活垃圾分为可回收物、餐厨（厨余）垃圾、其他垃圾三大类；南京市、广州市将生活垃圾分为可回收物、餐厨（厨余）垃圾、其他垃圾、有害垃圾四大类；自《上海市促进生活垃圾分类减量办法》从2014年5月1日开始施行，上海提出以“可回收物、有害垃圾、厨余果皮（湿垃圾）、其他垃圾（干垃圾）”干湿分离的垃圾分类标准。

2013年12月1日，国家环保部发布了多项新的国家环境保护标准，其中涉及城市生活垃圾分类处理的有：环境监测信息传输技术规定（HJ 660—2013），该标准明却规定了环境监测信息的传输模式、传输流程，传输的数据格式和代码定义，以规范和指导环境监测信息传输工作；铝电解废气氟化物和粉尘治理工程技术规范（HJ 2033—2013）规定了铝电解废气氟化物和粉尘治理工程的设计、施工、验收与运行维护等技术要求，用来规范铝电解工业废气治理工程建设与设施运行管理，防治铝电解生产废气对环境的污染，保护环境和人体健康；为防止环境污染，保护环境和人体健康制定了固体废物处理处置工程技术导则（HJ 2035—2013），这一标准提出了固体废物处理处置工程设计、施工、验收和运行维护的通用技术；含多氯联苯废物焚烧处置工程技术规范（HJ 2037—2013），标准中规定了含多氯联苯废物焚烧处置工程设计、施工、验收和运行管理等过程中的有关技术要求，规范含多氯联苯废物焚烧处置设施设计、建设及运行管理，防止含多氯联苯废物焚烧处置对环境的污染，保护环境，保障人体健康。

从现行的部门规章、地方性法规不难看出，各地区城市生活垃圾分类标准不一，有的主张按照产生源划分为居民生活垃圾、商业垃圾和建筑垃圾等；有的认为只需简单分类；标准过粗，还需要二次分类，增加再利用的成本；标准过细可能会引起居民的不满情绪，导致垃圾分类根本无法开展。垃圾分类标准的不统一很难让居民能够正确分类垃圾并正确投放。

1.2 进一步推进垃圾分类制度的建议

目前我国正处于经济高速发展的阶段，城市化的进程正在加快，城市生活垃

圾的产量也越来越多，由此引发了一系列的问题困扰着城市居民的日常生活。要解决城市生活垃圾的问题，最好的方法就是将垃圾资源化利用。城市生活垃圾资源化的第一步，就是要将垃圾进行分类回收。2000 年至今，我国推进城市垃圾分类回收的实践工作已经十余年了，但由于我国现行的法律法规对于城市生活垃圾分类回收的配套法规体系不完善，相关规定过于原则化，没有可操作性，参与主体的义务设置不合理、城市生活垃圾的收费制度不完善，以及对城市生活垃圾源头分类的奖罚机制不健全等原因，导致城市生活垃圾分类回收的实践效果并不理想。本章结合我国政策层面的基本情况、执行层面的实践效果，并借鉴发达国家生活垃圾分类回收的成功经验，为进一步推进垃圾分类制度提出一些建议。

1.2.1 完善法律法规体系

循环经济理念不能只作为口号来喊，要将其在立法实践中具体落到实处，真正实现对环境的保护，实现对资源的回收再利用。

在城市生活垃圾管理成功的发达国家，无不有着健全完善的法律体系进行约束和保障，使居民有法可依，有法可循，并对违法违规的后果有清晰的认知。如果没有良好的法律保障，将很难实现城市生活垃圾的有效源头分类。要想完善法律法规对垃圾源头分类的规范，不但要完善原则性的法律规范，还要在制订了基本法规、垃圾源头分类基本指导条例的基础上，建立符合城市垃圾实际状况、科学有效、各种性质的物品归类明确详尽的生活垃圾分类标准，并提高分类标准的法律地位，垃圾源头分类的落实和检查监督都要严格按照所定标准执行。我国在城市生活垃圾源头分类的推进工作上之所以效果欠佳，很大一部分原因就是法律法规的不完备，这一问题必须得到有关部分的正视并出台各类有实际可操作性的法律法规，这样才能真正把生活垃圾源头分类工作给落到实处。

现阶段我国关于城市生活垃圾分类处理的相关法律大多缺乏可操作性，执行性差、针对性差、有效性差，要想保证法律的可操作性和针对性，必须提高立法能力。鉴于我国公民目前的垃圾分类回收意识还很淡薄，不适宜建立以强制性条款为主的垃圾分类回收立法形式，而应该采取以“促进法”为主，“强制法”为辅的立法形式。尤其是在立法之初更能体现这种立法形式的作用，但是软性条款需要硬性条款的辅助才能达到其立法目的，所以在垃圾分类回收立法中“强制性”条款是不可或缺的。

我国对于生活垃圾分类回收的规定并没有一部专门性的法律，而是体现在其他的法律法规条文之中。就地方性法规而言，也是标准参差不齐，内容大部分重复，创新的制度设计很少。因为目前我国还没有建立性质有效的完整垃圾处理体系，虽然国务院早在 2000 年就曾以北上广深等八个城市为试点做了推广，但并没有取得特别大的成效，垃圾的混合处理仍然是普遍现象。在相关法律体系尚不

完善的前提条件下了，制定具体有针对性的执行细则对我国城市生活垃圾分类取得长足的发展具有十分重要的意义。所以现阶段在我国现行城市生活垃圾分类法律体系中，加强专项立法和配套法律法规的建设显得尤为重要，这也是我国立法者未来不断努力的方向。因此，要想进一步推进垃圾分类回收制度，就有必要进一步完善我国针对垃圾分类回收的法律法规体系。

构建城市生活垃圾分类处理法律体系需要由基本法原则进行指导，综合性法律统领、专项法律法规和地方性法规规章补充。在这里，建议专门针对生活垃圾回收利用建立一套完整的法律体系，指导废弃物分类回收资源化利用，生活垃圾就其价值属性而言，它只是丧失了原有的价值，但还有一定的剩余价值可以被利用，所以称垃圾是“一种放错位置的资源”。因此，在建立法律体系时需要遵循循环经济的立法理念，重视生活垃圾回收再利用的价值。首先，明确《中华人民共和国循环经济促进法》作为我国城市生活垃圾分类处理的相关法律体系中基础的作用，以《循环经济促进法》中“提高资源利用效率，保护和改善环境，实现可持续发展”的思想为指导，以4R为核心内容将垃圾分类处理回收再利用作为国家经济社会发展的重大战略内容之一高度重视起来。在法律条文中必须明确各级政府的组织协调和管理监督职责，对生产企业和回收企业的义务作出详细规定。其次，将循环经济立法辐射到城市生活垃圾分类处理的领域中，同时在立法是注意规避的问题，完善法律法规中涉及实际操作的具体条款。第三，加强对配套法律法规的建设。配套法律法规是由全国人大及其常委会制定的大部分法律中，一定数量的条款要求国务院或者其他部门、地方政府制定与这些法律配套的行政法规、规章制度、行业规范、技术标准等规范性文件。譬如笔者前文提到的日本和德国政府制定的《容器包装再利用法》、《家用电器回收法》、《废旧电池处理规定》等专门专项的法律法规。我国目前仅有《废旧电器电子产品回收处理管理条例》这一部配套法律法规，显然这是不符合当前垃圾问题现状的。立法者必须考虑到实际情况，根据垃圾的不同属性，区别对待，分别立法，使垃圾分类处理的相关法律能够符合资源循环回收的指导思想并具有实际可操作性。

城市生活垃圾分类处理是一个中间环节繁琐，后续处理需要不断进行技术更新支持的复杂工作，在进行立法时一定要全面的考虑整个处理的流程，在基本法、综合性法律、专项法律法规和地方性法规规章构成的完整法律体系之下，对整个垃圾处理过程包括分类收集、回收、运输、处理、再利用等所有流程进行法律约束，才能较好地实现城市生活垃圾污染的防治。正是这种模式才能够既满足城市生活垃圾分类处理本身的发展规律，也能够针对各个城市不同的生活垃圾种类各自的特性做出不同的规定。

在发达国家中，对城市生活垃圾中的容器包装、家电和食品等分别制定了配套法律法规，即对不同种类的生活垃圾分别制定了专门法律予以规制，取得了较

好的效果，值得借鉴。

我国城市生活垃圾在源头分类后，首先要解决的就是厨余垃圾的问题。随着我们经济的发展，居民消费水平逐渐提升，厨余垃圾的产生量也越来越多，在城市生活垃圾中所占的比例越来越大。特别是在北京、广州、上海等一线城市，每天的厨余垃圾产生量都十分巨大，数量惊人。厨余垃圾种类繁多，数量巨大，容易导致水污染和大气污染，甚至被不法分子当成提炼“地沟油”的原材料，严重地影响居民的日常生活和身体健康。因此，针对城市生活垃圾中的厨余垃圾，应该以垃圾分类为契机，以实现厨余垃圾资源化为目的制定《厨余垃圾管理条例》。此外，针对我国商品包装过度严重问题，可以借鉴日本成功经验制定《商品包装条例》；针对生活垃圾中的其他部分如废旧家电，废旧饮料瓶等可以借鉴日本成功经验专门的法律法规予以规制。

《循环经济促进法》作为基本法律统领整个垃圾分类处理法律体系，为垃圾分类的立法指明了方向，但是也只能作为大方向去把控，而城市生活垃圾分类处理问题是与生活紧密联系，需要具有针对性和可操作性的法律和各种配套的法律法规来保障在实际操作中有效可行。所以一方面，我国要以《循环经济促进法》为基本法，制定一部废弃物回收利用的综合性法律——《废弃物回收利用法》；另一方面，加强对配套法规的完善建设，对不同种类的生活垃圾分别制定专门法律予以规制，例如制定《厨余垃圾管理条例》、《商品包装条例》等配套法律法规，完善我国垃圾分类回收配套法律法规体系，保证垃圾分类回收有法可依。

《立法法》颁布实施后，扩大了地方立法权，所以地方性法律法规的建设在我国城市生活垃圾分类立法体系中的地位也将日益重要。地方性法律法规担任了细化补充国家层面法律文件的重要职责，对国家法律的具体实施也发挥了巨大的作用。在完善地方法律法规的时候一定注意在严格贯彻落实以上位法作为指导，在于上位法不冲突的前提下结合地方实际情况和自身特点，不断细化和完善城市生活垃圾分类处理的相关法律体系。同时，在制定地方性法律法规的时候一定要注意严格法律程序，规范法律条文的适用，保障地方性法律在具体实施的时候能够有严谨的逻辑以保证法律的权威。

发达国家对于垃圾分类回收开始实践的较早，在实践过程中，他们不断创新制定了各种有针对性的法律制度，保障生活垃圾分类回收各个环节的顺利进行，实现垃圾最终的减量化、无害化和资源化。发达国家通过设立定时定点制度保证垃圾分类运输，避免混合运输，造成二次污染。

我国城市生活垃圾进行分类回收实践已十几年，效果却不明显，在实践过程中也暴露出了许多问题，其一就是居民对生活垃圾不进行源头分类投放，其二就是对于分类投放的垃圾却又混合运输，导致二次污染，为解决这一问题，我国应该建立定时定点制度，确保对分类收集的垃圾进行分类运输，避免二次污染。

此外，合理安排垃圾投放点，需要结合我国实际情况，在每个小区设立分类垃圾桶。合理安排清运时间，需要根据我国各城市特点进行垃圾定时运输，避开交通拥堵时段，保证运输通道畅通。针对不同种类的垃圾应该规定不同的运输时间。第一，由于我国人口众多，厨余垃圾产量大，对于厨余垃圾应该每天清运。当然在这过程中对居民设置了更具体的要求。居民将厨余垃圾放入专门垃圾袋中，在规定的清运时间将垃圾放到小区的定点回收处，清运车每天在规定的时间运走。第二，对于除厨余垃圾以外的其他垃圾，其产量少，如果每天定时定点回收会浪费资源。因此，可以规定每天回收不同种类的垃圾，比如周一，周五收集可回收垃圾周二收集有害垃圾；周三收集其他垃圾；对于大件垃圾规定在周四收运。具体时间安排还需要根据实际情况做详细深入的规划。

为了保证垃圾分类运输，对于不使用规定的垃圾袋，或者是未分类的垃圾可以拒绝回收，将其退回。对于被退回的垃圾，结合垃圾分类指导员制度，由垃圾分类指导员为居民提供分类投放指导和居民正确分类，检查确认无误之后才可投放进垃圾运输车。定时定点制度的实施，使垃圾运输车每次装运的只有一类垃圾，能够有效地解决城市生活垃圾造成污染的现状。

发达国家的垃圾收费方式主要包括三种：定额收费、计量收费、超额计量收费。定额收费即收取固定垃圾费：对于固定费用的单位，不同地区，标准不同，有的是以户为单位有的是以人头作单位。计量收费则是按量收费，对不同种类的垃圾分别收取垃圾费。超额计量收费制度规定对于规定量的垃圾进行统一收费，超过定量部分则计量收费。日本在实行生活垃圾收费制度的过程中，三种方式都有采用过，但目前主要采用计量收费制度。韩国目前采用的也是计量收费制度。通过购买专门的垃圾袋方式，对垃圾进行计量收费。目前我国大多数城市采用定额收费的计费方式，基于各种原因，政府规定的缴费金额都较低，所收缴的垃圾处理费明显不足。而且对于不同种类的垃圾全部实行定额收费，这就在无形中打击了居民分类投放垃圾的积极性。

垃圾分类回收的目的是将垃圾分类处理以达到减量化，回收利用，减少垃圾的最终处置量，实现节能环保。而在现实生活中，许多生产商为吸收消费者，通常将自己的产品进行过度包装，导致产生了大量的包装垃圾。因此，可以在法律层面要求生产商对商品进行适度包装，经过审核后方可投放市场，这样会大大减少每天商品包装垃圾的产量。

1.2.2 加强生活垃圾源头分类的教育宣传工作

党的十六大以来，我国提出了科学发展观这一重要战略思想，在这大背景下，国家需要大力支持对城市居民进行全方位、持久性的环境保护教育，从娃娃抓起，在幼儿园、小学阶段就开设相关课程，组织学生参加环保讲座、展览以及

公益活动，让城市居民从小认识到环境污染的危害性及环境保护的重要性，从小建立起良好的环境保护观念。在公众场合，可以树立相关的宣传标语，利用公益广告、央视等具有影响力的宣传载体，向不同的受众，结合垃圾分类收集制度、垃圾收费制度等改革措施进行宣传，提高公众法制观念和道德水准，普及环境科学知识，开展环境保护教育。这样多种多样的宣传形式不仅能够使更多的人能够接收到消息，同时利用这些平台也可以使公众获取环境新的的途径更多，这也是保障公众参与的有效办法。在全社会营造环境保护的氛围，使得环境保护的理念深入人心。

在很多情况下，虽然居民主观上意识到应该对生活垃圾进行分类收纳、投放，但由于对垃圾分类的标准不了解，从而难以正确地实施生活垃圾源头分类，这是影响垃圾源头分类率的重要原因，也是国内许多城市街头“分类垃圾箱”不能真正实现效用的原因之一。针对这一现象，可以通过对国内城市生活垃圾组成情况充分了解的前提下，建立科学合理、有利于进一步管理、回收、利用的垃圾分类标准，并设计成简明易懂，尽可能全国统一的分类标识，编制成宣传手册，通过街道、居委会等途径定期发放至每户居民，作为居民进行生活垃圾源头分类的操作指南。同时，让居民从幼儿园、小学阶段就加强教育，养成源头分类的习惯，让这种习惯潜移默化地成为生活密不可分的一部分。在公共场所垃圾桶等附近，可以通过宣传海报、指示性说明等手段，加大针对生活垃圾源头分类的宣传力度，提高垃圾分类的可执行性，普及市民生活垃圾源头分类的相关知识。

生活垃圾分类回收较为成功的国家，居民90%以上能正确分辨垃圾种类，将垃圾分别投入正确的垃圾桶内。这是由于他们采取了相关的保障措施，比如日本政府为保障居民正确分类垃圾，制作了宣传年历，定期发放给居民，详细说明不同种类垃圾的分类回收时间，保障了定时定点回收垃圾。

通过设立垃圾分类指导员制度，对垃圾进行分拣并且指导和监督居民从源头上将垃圾进行分类投放，最终实现垃圾的分类处理，保证垃圾分类回收顺利进行。而在我国，城市生活垃圾混合投放现象严重，分类投放开展时间较短，垃圾基数较大。基于城市生活垃圾分类回收这种现状，由此在我国许多试点城市，就设立了垃圾指导员或垃圾分拣员。例如，青岛市从2010年开始街区试点进行了垃圾分类回收，同时在垃圾分类回收试点小区安排垃圾指导员。对于垃圾分类指导员只规定在试点小区以及固定时间指导居民分类投放垃圾，帮助分拣投放不正确的垃圾；还有北京对600个居民小区进行了垃圾分类试点，在试点初期，组织幸存者在社区对居民进行垃圾分类指导以及监督居民分类投放垃圾，后来逐渐由幸存者发展成为小区的专职垃圾分类指导员。

结合试点城市的垃圾分拣员或者指导员制度的实施情况，以及我国实际的垃圾分类回收现状。垃圾指导员或分拣员制度，就现阶段来说十分有必要存在。但是我们看到垃圾分类指导员制度中存在许多问题。例如，工作时间设置不合理，垃圾分类指导员只是在固定时间指导居民分类投放；工作单调，仅是帮助分拣垃圾；工资体系不健全，许多垃圾分类指导员甚至都拿不到工资；缺乏监督制度等等。鉴于我国社会现状和垃圾分类回收实践的情况，应该完善垃圾分类指导员制度，进而保障垃圾分类回收的顺利进行。可见，从垃圾分类指导员的挑选，到培训，作业时间，工资，工作内容，监督责任制度等方面都需要进一步完善。

在建立和完善垃圾分类回收指导员的过程中，首先，必须规定垃圾分类指导员的工作职责。第一，结合垃圾定时定点制度，确立垃圾分类指导员分类指导义务。每类垃圾规定有不同的投放时间，居民在规定的时间投放垃圾时，分类指导员需要对居民进行监督和指导。对于不使用规定的垃圾袋，或者是未分类的垃圾可以拒绝回收，垃圾分类指导员负责将其退回。第二，宣传垃圾分类的重要意义。垃圾源头分类投放效果不明显的原因有两个，一是居民作为分类投放的主体，根本就是随便投放不分类；二是对于垃圾到底属于哪种类别不明确。对于后者，垃圾指导员可以对其进行指导分类；对于前者垃圾分类指导员应该在其负责的区域内组织宣传教育活动，宣传垃圾分类回收的重要性，增强公民分类投放的意识。第三，协助运输车辆将垃圾分类运输，负责保持分类回收设施的清洁卫生。第四，对于分类的垃圾，进行更进一步分拣，实现垃圾的分类处理，避免资源浪费。

其次，应该以小区为单位，设立垃圾分类指导员队伍，由政府环卫部门负责进行统一管理。对于其选拔要求、招募程序、考试内容等统一由政府环卫部门制定。市政府主管部门统一进行考试，对考试合格者进行培训，发放合格证书，持证上岗。垃圾分类指导员的工作，由小区全体业主进行监督。为调动垃圾分类指导员工作积极性，可以统计各垃圾分类指导员管理区域的垃圾正确投放率，对于正确率高的可以给予适当奖励。

垃圾分类指导员，在我国垃圾分类回收实践过程中应运而生。在我国，居民不愿或不会将生活垃圾分类投放。同时我国实践中对于垃圾进行的粗分类，收集过程中还有大量的分拣工作，需要专门人员进行细致分类，以保证城市生活垃圾最终分类处理，实现垃圾资源化。因此，我们应进一步完善垃圾分类指导员制度，为解决垃圾分类这一难题，提供制度保障。

1.2.3 优化管理体系及源头分类回收配套设施

环境保护是与每一个社会成员密切相关的事，作为垃圾分类活动的最广泛主体，各项法规只有全体公民身体力行亲身参与才能真正得以实施。《环保法》修订后为公众参与环境保护事务提供了良好的环境，让公民有机会行使自己的监督权和建议权。新《环保法》明确公民享有环境知情权、参与权和监督权，并在

新增专章规定信息公开和公众参与。这就要求各级政府、环保部门公开环境信息，让公众及时了解政府环保工作的进展，确保公民知情权的行使，鼓励和保护公民举报环境违法，同时做好对举报者信息的保护，不断拓展可提起环境公益诉讼的社会组织范围。

在城市生活垃圾分类处理的这项工作中，政府部门不仅要负责城市市容环境卫生管理工作，还应当珍惜法律赋予的权利，正确行使自己的职能，坚持行政强制措施和行政强制执行两种手段合理行政。同时作为政府要应当积极发挥引导作用，组织公民参与相关城市生活垃圾分类处理的事项，如在选择垃圾填埋场地时或者在推行垃圾处理收费制度时召开听证会听取市民代表的意见，让市民行使其对政府政务的参与决策权，实现公众在垃圾处理这件事情上的全程参与，并鼓励群众积极行使监督权，开设举报热线方便群众对我们的工提出意见和建议。

在生活垃圾源头分类政策的制订过程中，需要政策制订部门设身处地地考虑问题，全面分析影响居民源头分类行为的因素，从而针对性地提出对策。在这过程中，很重要的一环就是要对垃圾收纳、回收设施进行合理设计，从收纳、投放、倾倒的便携性考虑，使生活垃圾源头分类的可行性畅通。一方面，相关的政策需要按推荐性、强制性分阶段推出，另一方面，政府还需要引导市场上相关行业的企业研发出适合家庭使用的垃圾分类存放装置，初期甚至可以采取政府采购的模式进行推广，采购费用通过后期的垃圾处理费用中收回。在城市中、远期规划中，政府可以考虑将生活垃圾源头分类的设计理念融入到房地产市场，在居民楼的设计上就留出放置垃圾分类装置的空间，在适当的阶段将这一点编制进相关规范的强制条款中。

在社区、商场等公共场所，城市生活垃圾分类投放站点必须合理规划设置，在标识清晰的前提下，提供简明易懂的分类说明，避免居民在投放过程中因为相关知识的缺乏造成混合投放。

目前，推行垃圾分类的众多城市中，其基础设施设备的配备主要还是集中在源头分类投放设施上，终端的分类处置设施尚未配套，这也是造成很多垃圾分类试点地区前端分类后端大杂烩现状的主要原因，同时也极大地打击了公众参与垃圾分类的积极性。就目前发布的《“十三五”全国城镇生活垃圾无害化处理设施建设规划（意见征询稿）》可知，“十三五”期间，财政将投入86亿元用于垃圾分类示范工程建设，重点建设与垃圾分类相匹配的终端处理设施，建立与生活垃圾分类、回收利用和无害化处理等相衔接的收转运体系。

目前生活垃圾处理收费制度尚未全面覆盖，收费标准、收费标准均偏低，设市城市和县城的开征比例均低于80%，近85%的市、县收费标准定为3~7元/(户·月)，仅50%~60%的市、县的收缴率超过了80%，收取的生活垃圾处理费远不能覆盖其处理处置费用。且针对居民的生活垃圾处理费计费方式尚未与生活

垃圾产生量挂钩，垃圾收费对生活垃圾分类减量尚未产生关联效益。针对目前生活垃圾产量日益增长、处理标准日趋严格的现状，完善生活垃圾收费制度，改革收费方式，调整收费标准，探索分类计量收费等模式将是“十三五”垃圾分类减量工作的一个努力方向。目前，我国生活垃圾处理的收费方式主要采取定额收费，以户为征收单位，按固定统一的费率每年或每月收取垃圾处理费用。据相关统计分析，2009 年我国有将近 60%的城市开始征收或已经实行了生活垃圾处理收费政策，其中 99%的城市是采用定额收费制度的。定额收费模式虽然被大部分城市采用，但在推广过程中暴露出了一系列问题：这种方式虽然提供了一定的资金保障，但由于居民的垃圾排放量与其经济利益没有直接的关系，缺乏足够的经济激励进行垃圾减排，从而无法提高家庭垃圾减量化和回收利用的积极性。从源头方面，定额收费模式难以激励厂商生产废弃后处理回收成本更低的产品。我国东、中、西各区域城市经济和居民消费水平悬殊，但对于生活垃圾收费标准并未根据城市自身的条件设计，收费机制很不科学。相比之下，垃圾定量收费是根据每个居民或每户家庭实际产生的垃圾量来收取。根据对垃圾产生量的计量方式的不同，又可将其分为按袋收费、按桶收费和按重收费等。垃圾按量收费在发达国家中运用较多，在中国较少，目前有上海采用计量收费制，以桶为计量单位，每桶容量 240 升；各单位每年核定一次生活垃圾处理量基数，一般生活垃圾基数内每桶 40 元，基数外加价收费，为 80 元/桶；餐厨垃圾基数内 60 元/桶，基数外 120 元/桶；高级场所生活垃圾基数内 80 元/桶，基数外 160 元/桶。这种定量收费的方式取得了较好的收缴效果：2006 年中山市垃圾处理费实际收缴率达 97%，而收费成本仅 1%，解决了垃圾收费过程中的“收缴率低”和“收费成本高”的问题。总之，即使按现行的征收标准足额征收，所收缴的垃圾处理费也仅能补偿垃圾处理运营成本的 40% 左右，价费机制改革迫在眉睫。

1.2.4 合理利用经济手段，建立奖罚机制

经过 15 年的垃圾分类宣传教育，公众对垃圾分类的知晓率和认同度有了很大提高，但垃圾分类的参与率和准确投放率一直处于较低水平，“知晓率”和“参与率”极不匹配，源头垃圾分类投放工作主要靠二次分拣员完成。“十三五”期间，除了继续开展垃圾分类宣传工作（丰富宣传形式、增加宣传频次），强化公众分类意识，建立正向激励机制引导公众参与分类的同时，需要考虑奖惩结合，设置合理可操作的惩罚措施，督促公众准确参与垃圾分类。通过完善奖罚机制，奖励分类投放的居民，提高居民分类回收和积极性，对于不进行垃圾分类投放的居民进行严厉的处罚，督促其进行垃圾源头分类。要推进生活垃圾源头分类，从外部因素考虑，是分类后的生活垃圾有利于分类运输、处理，降低后续处理的成本，符合循环经济的理念。而从内部因素考虑，就必须将居民的切身利益

与生活垃圾源头分类的成效绑定在一起。例如，对于可再生资源、厨余垃圾等具有循环利用价值的垃圾，在回收的过程中可以对分类良好的居民给予适当的经济补偿；对于有一定利用价值但回收成本过高的生活垃圾，可以实施免费倾倒；对于没有利用价值、有毒有害、难以回收，以及未进行分类的生活垃圾，实施按标准收费倾倒。通过这种模式，实现了“谁污染谁付费”的效果，在经济利益的驱动下，城市居民会更有实行源头分类的动力，直接提高了城市生活垃圾源头分类率，减少没有利用价值、有毒有害、难以回收的垃圾产量。在实行经济手段时，必须制定科学合理的收费标准，要符合国情，在地方上要有可实施性。同时，要明确收费主体，并设立专门的监管机构对垃圾投放费用的使用情况做好严格的监督。

建立有效的奖罚机制对于居民实施生活垃圾源头分类有良好的激励与约束作用，提高居民落实制度的积极性。现在很多城市的小区都已配备了电子监控系统用以防盗、治安。可以借用这套现成的系统，对居民的生活垃圾投放过程实施监控，对不进行分类投放的居民、不在指定地点投放的居民进行罚款处置，借此约束居民乱扔垃圾的行为。同时，对于分类投放习惯良好的居民，给予适当的经济激励。这种机制在建立初期，可以为小区的生活垃圾分类投放站配备经过专业培训的监督指导员，在居民分类投放习惯还没有完全养成的期间，给予监督、指导和分类知识普及，起到过度的效果。毕竟居民在源头上进行垃圾分类、按规定投送到指定地点的良好生活习惯不是一朝一夕能够促成的，旧有不良生活习惯需要相当一段时间才能得以摒弃，在居民自觉性不能完全保障的情况下，这一做法对于强制人们改变随意、混合倾倒垃圾的旧有习惯具有良好效果。

经济手段也有必要与企业责任制度相结合，比如，针对那些经过清洁、消毒处理，可以直接利用，而不需要对包装进行复杂加工的瓶罐之类，包括啤酒、酸奶所使用的玻璃瓶等，可以通过购买时支付一定的押金，之后以瓶装到售货点退还押金，企业统一进行回收处理的方法，使得居民出于兑换回押金的愿望而愿意主动采取垃圾的分类回收和投放。需要注意的是，押金额度的制定要保证居民有退还押金的行为动机。借用这种模式，对于部分可回收包装的源头分类可以起到良好的效果。

针对居民的不同表现，还可以和社会信用体系绑定，进一步督促居民自觉养成生活垃圾源头分类的习惯。

生活垃圾分选组合工艺

2.1 概述

随着我国城镇化、工业化的快速发展，城镇生活垃圾量激增，目前国内各地的垃圾处理能力相对不足，处理方式简单粗犷，其中很多可回收的资源不能有效循环利用。城市生活垃圾处理是城市管理和环境保护的重要内容，是社会文明程度的重要标志。按照我国全面建设小康社会和构建社会主义和谐社会的总体要求，以科学发展观为指导，坚持发展循环经济，提高生活垃圾中废旧塑料、废旧纸张、废旧金属等材料的回收率，提高有机质成分的利用率，提高机械化分选程度，降低人工工作强度，改善工作环境。全面实现生活垃圾资源化、减量化和无害化的目标。

一些地区正面临“垃圾围城”的困境，生活垃圾污染问题日益严重。垃圾问题处理不当，将会制约城市生存和发展。自 2000 年我国确定在北京、上海、广州、深圳、杭州、南京、厦门、桂林八个城市进行生活垃圾分类收集试点工作至今，中国的生活垃圾分类工作已经走过了近 20 个年头，但根据目前的效果来看并不理想。我国大多数的城市生活垃圾还是混合收集、混合处理的状态，许多城市还没有配备分类收集设施，即使配备分类收集设施的城市也很难做到准确地分类投放。目前我国各地的垃圾中转站多是混合收运，再运输至焚烧厂或填埋场处理。这种简单粗狂的处理方式，造成了大量的可回收资源的浪费，一些有毒有害的物质还会对居民的生活环境产生污染。

随着中国经济的高速发展，各地区居民的生活习惯、饮食习惯存在的差异，不同地区的经济产业差别，也形成了我国复杂的生活垃圾特性。

根据不同地区的物料组分的采样调查，我国东西部，南北部城市的生活垃圾存在着很大差异。例如：东北地区冬季煤灰含量较高，夏季玻璃瓶较多；南方地区雨水较多，物料的含水率较高，果皮、果蔬的含量较高；西部地区干旱缺水，渣土的含量较高，物料含水率相对较低；东部沿海地区，旅游业发达，生活垃圾中厨余垃圾较多，见图 2-1。

图 2-1 生活垃圾中的厨余垃圾

2.2 生活垃圾不同地区组分

生活垃圾不同地区组分见图 2-2~图 2-6。

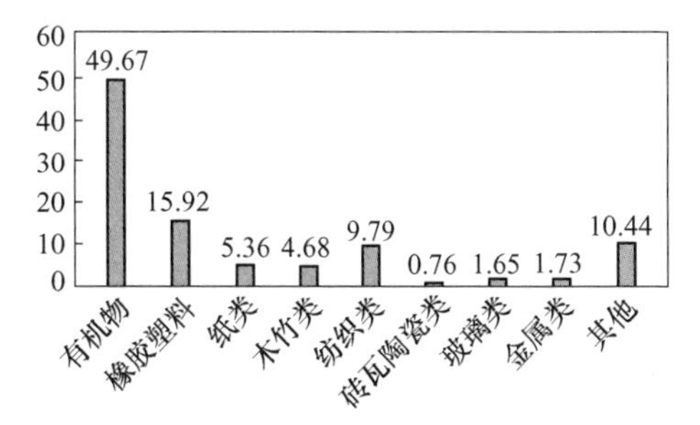

图 2-2 华东地区某地物料组分

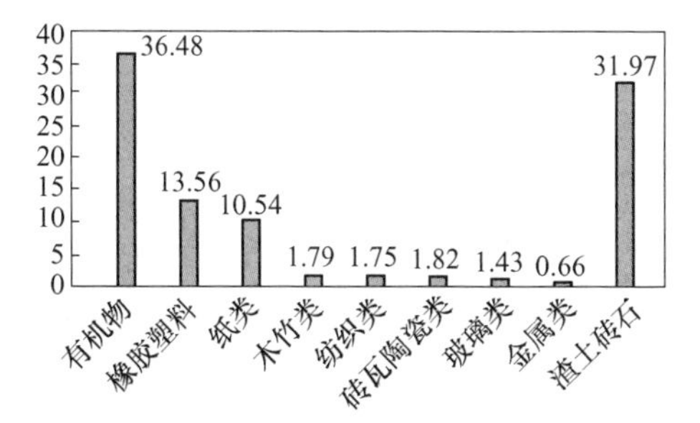

图 2-3 东北地区某地物料组分

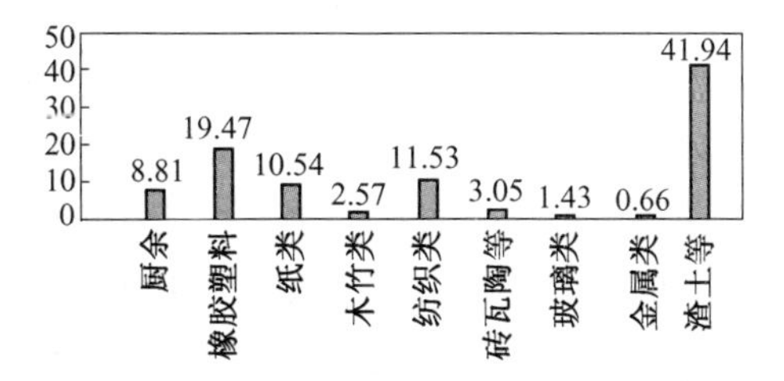

图 2-4 西北地区某地物料组分

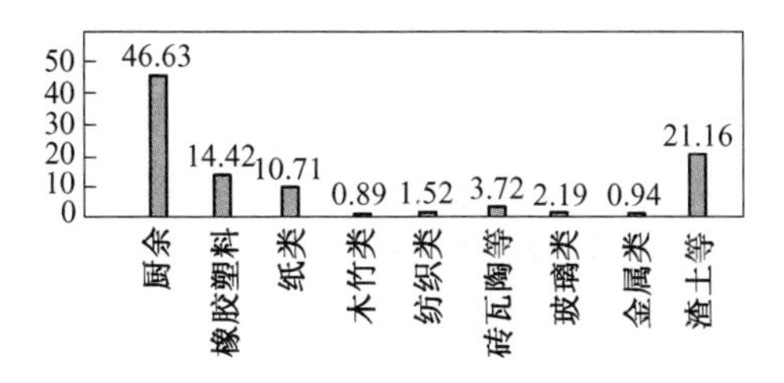

图 2-5 南部沿海地区某地物料组分

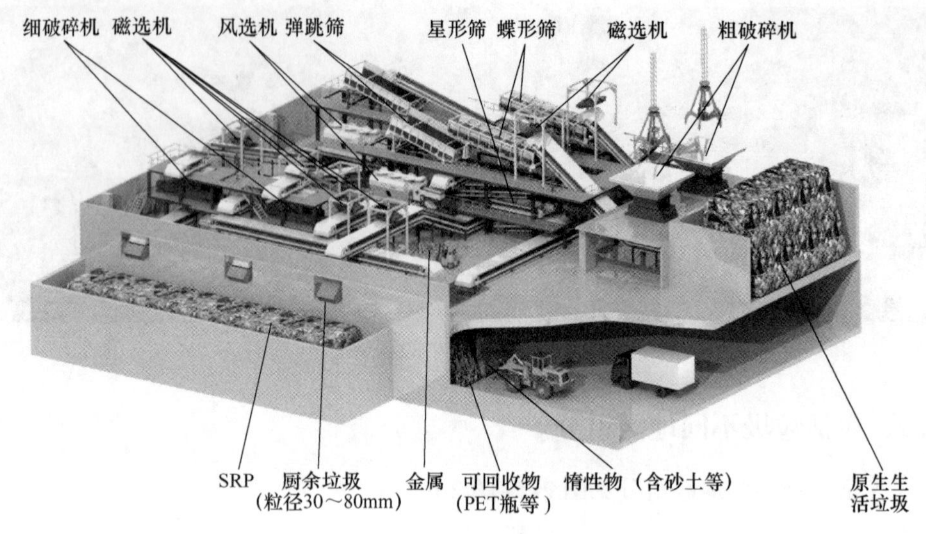

图 2-6 分选处理线模型

2.3 生活垃圾分选的功能

生活垃圾分选技术主要是通过各种机械设备对生活垃圾进行分类。目前主要有生活垃圾的焚烧前分选系统，生活垃圾的资源化分选系统，陈腐垃圾分选系统，有机垃圾分选系统等。各类分选系统中主要包括给料系统、破碎与破袋系统、筛分系统、物料收集存储系统、输送系统等模块组成。每个模块的设备都有不同的结构和功能，根据处理不同的工艺的选择，进行最优的选择。通过不同分选机械的组合可以将生活垃圾中的 PET、LDPE、HDPE、PVC、铁、有色金属、纸张、渣土、陶瓷、石块、有机物、木竹、织物等进行分类。分类后的各项产品在进行更深一步的加工处理。由于不同地区生活垃圾组分特性和终端处理方式不同，因此采用的分选工艺与机械设备有所区别。生活垃圾机械分选技术在国外已经有几十年的历史，并且取得了良好的处理效果，因此生活垃圾的机械处理方式符合我国对生活垃圾处置资源化、减量化、无害化的总体要求。

2.4 分选系统简介

2.4.1 给料系统

给料系统是保证生活垃圾处理性能的第一道工序，给料系统不但要起到物料临时储存的目的，还需要均匀地给分选系统提供物料。

给料系统包括上料设备、暂存输送设备、均料设备。通常的生活垃圾上料设备多采用抓斗机、铲车、垃圾压缩车直接卸料等方式。结合场地情况和处理工

艺，需要选择最佳的给料方式以满足分选系统的需要。

2.4.2 上料设备

在实际的生产中多采用抓斗机、铲车、垃圾压缩车直接卸料等方式，他们各有优点。在大型的焚烧电厂因为每天的处理量较大，通常都建有原生垃圾库，环卫车辆进入到厂区后，将当天的生活垃圾卸入到原生库中，然后抓斗机再将物料抓取到系统当中。原生库通常都会按照每天的垃圾处理量进行设计，并预留出一部分库容余量作为备用。垃圾运输车在原生库的卸料门可以方便地进行卸料作业。在原生库上方设置有移动行车，抓斗机安装在行车的起吊钢丝绳上，通过行车的横向、纵向移动，使抓斗机达到原生库的各个位置。目前国内普遍使用的是液压抓斗机，多为6瓣式，单抓重量最大可达到8t。抓斗机的开合通过液压系统来控制，具有较高的稳定性，不会因为物料的缠绕导致抓斗机开合失灵。国内一些项目也开始使用全自动行车进行物料的抓取，可以做到无人操作。全自动行车通过安装在原生库上方的多个探头对物料的高度进行自动扫描，超出设定高度的物料会被自动识别出，控制系统会控制行车到达超高位置，通过抓机自动的将物料抓取到指定的位置。全自动行车的应用解决了人工操作环境问题，运行精度高，可以24小时不间断的工作，提高了工作效率。

铲车上料多使用在渗沥液较少的场合，作为一种辅助手段。垃圾车将物料卸载在卸料平台面，然后铲车将物料推送至输送设备上。如果物料中夹杂有一些体积较大或者会对分选设备造成损坏的物料会提前拣出。

垃圾运输车直接卸料可以解决物料的“二次搬运”问题，能够节约场地，减少投资成本和运行成本。通常在卸料平台下方设置有板链输送机或步进给料机类的暂存输送设备，暂存输送设备两侧安装有挡板，可以作为临时料仓。运输车到达卸料口位置，直接将物料倾倒入暂存输送设备中，由于卸料量不可控制，会对暂存输送设备产生的强大冲击力，通常输送设备两边的挡板都做加强处理，输送设备也经过特殊的设计，保证输送能力的同时，还需要承受很大的冲击载荷。

当然还有其他的一些上料的方式，例如移动式抓机，移动式行车等。可以根据当地的具体情况，灵活的搭配，保证生产的顺利进行。

2.4.2.1 暂存输送设备

暂存输送设备主要有步进给料系统、板链输送机、链式皮带机等。

步进给料系统结构为长方体箱式结构见图2-7，上面为敞开式结构，底部安装有几组分别移动的活动底板。箱体可以作为暂存料箱，每段箱体标准的模块化设计，可以灵活的拼接组合，满足不同的储料量的需求。箱体底部安装有活动底板，通过液压缸驱动，按照预先设计的轨道进行往复运动。活动底板和暂存箱体

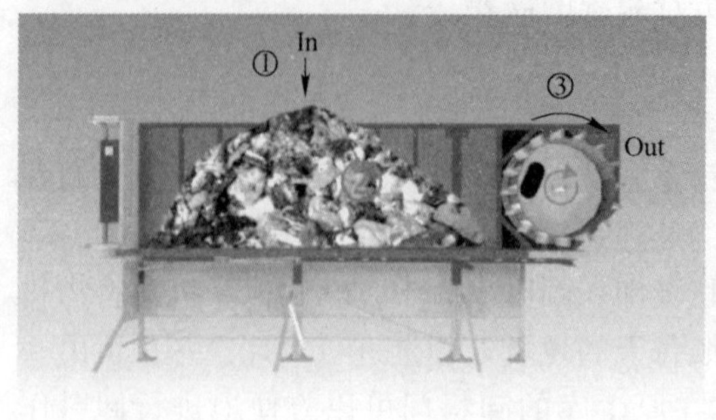

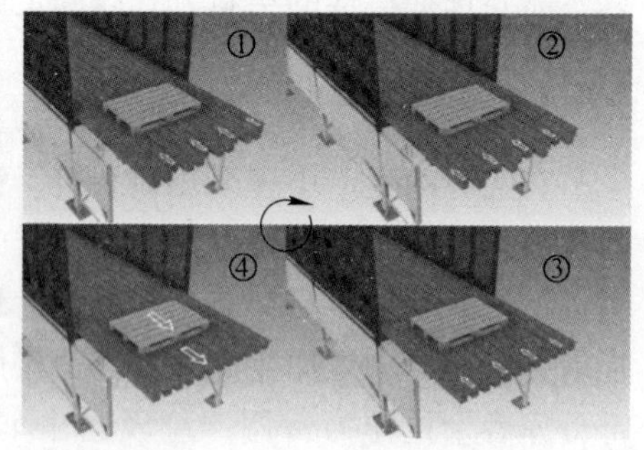

图 2-7 步进给料机

由于与物料直接接触，通常采用进口的耐磨材料制作。上料设备将物料投放在暂存料箱，物料堆积在底板上，通过底板的往复运动将物料送至出料端的拨料滚筒。拨料滚筒按照设定的转动方向做回转运动，滚筒外圆面安装有拨料板，当物料接触到与通体一起旋转的拨料板后，物料被拨料板带起，抛洒到接料皮带机上，达到给料均料的作用。拨料滚筒采用进口耐磨材料制作，根据物料种类的不同，拨料板会有不同的结构样式，达到最佳的拨料效果。整个步进给料系统设计有支腿，可以根据现场的进料高度进行调整。暂存料箱的长度从 5m 到 30m，储料量从 $20m^3$ 到 $120m^3$。活动底板的运动速度范围 0.001~0.5m/min，活动底板的行程可以根据处理量进行设计，速度可通过变频器调节。拨料滚筒的转速范围 0~30r/min，可通过变频器调节。

拨料辊主要功能是将暂存输送设备中没有均匀摊开的物料均匀化。由于上料设备上料时的物料一般都是堆放在暂存输送设备上，会造成物料很高，不易摊开，分选设备进料不均匀的问题。影响后续设备的分选效率，甚至会堵塞输送皮带机或分选设备。

2.4.2.2 板链给料机

板链给料机可以进行物料的水平或倾斜输送，见图 2-8。主要组成由鳞板、输送链条、机架、头轮、尾轮、驱动装置等组成。由于上料多采用铲车上料，所以板链机进料端鳞板下侧会做加强设计，防止物料冲击造成的鳞板变形损坏。鳞板一般采用弧形冲压件，具有一定的刚性，两端有安装孔，可以固定在输送链条的安装板上。输送链条在机架的轨道上行走，轨道与机架通过焊接连接。驱动电机安装在出料端，采用链轮或联轴器传动到板链机的头轮。头轮两侧安装有链轮，链轮的转动，带动输送链条在轨道上运动。在生活垃圾处理上通常使用的板链输送机宽度在 1500mm 或 2000mm，输送量在 25~50t/h，速度 0.1~0.3m/s 电机通过变频器控制，根据处理量可以进行速度的调整。板链机具有较强的抗冲击能力，链条可以承受很高的抗拉载荷，润滑检修方便，是一种常用的输送设备。

图 2-8 板链给料机

2.4.2.3 链式皮带机

链式皮带机结构与普通皮带机输送机类似，见图 2-9。有头轮、尾轮、机架、输送带、驱动电机、输送链条、渗沥液溜槽、密封护罩、拉绳开关等组成。链式皮带机的皮带运动靠输送链条驱动，输送链条的安装板采用扁钢连接，输送带选择 PE 耐油脂耐酸碱皮带，输送带固定在扁钢上，在输送带接触物料的表面再安装一块角钢，将输送带加紧。链式皮带机头轮和尾轮两侧都安装有链轮，驱动输送链条。链式皮带机可以输送堆积密度较大的物料，在输送角度较大的场合使用。

图 2-9 链式输送机

2.4.2.4 皮带输送机

皮带输送机是生活垃圾分选系统当中常用的输送设备，见图 2-10，与普通的输送带结构类似。由头轮、尾轮、机架、驱动电机、上托辊、下托辊、渗沥液溜槽、上密封罩等组成。由于物料的安息角决定了皮带机的输送角度不宜超过 20°。

图 2-10　皮带输送机

上密封罩留有风管接口，可以对皮带机做微负压控制。防止异味和灰尘的溢出。

2.4.3　破碎、破袋篇

生活垃圾破碎主要是将生活垃圾破碎到一定的粒径范围内，以满足后续处理工艺的物料要求。通常国内的分选系统初破碎粒径是在 200~300mm。主要是将生活垃圾中的大件物料例如：编织袋、垃圾袋、衣物、棉被、木质产品等进行破碎。方便后续的分选系统进行分选。

破碎可分为初破碎，二段破碎等阶段，可根据具体的末端工艺要求灵活地选择。

初破碎机根据结构形式来分主要有：单轴破碎机，双轴破碎机，三轴破碎机、四轴破碎机。根据驱动方式来分有：液压驱动，电机驱动。

破碎机工作原理主要是在物料进入到破碎腔时，利用刀轴旋转与定刀形成切削、撕扯力，将物料破碎成小粒径。如果粒径要求比较小，破碎机会在破碎刀轴底部的腔体设置筛网，不能通过筛网的物料会被破碎刀轴重新带入破碎腔再次进行破碎，周而复始，直到物料粒径能够通过筛网孔。

2.4.3.1　单轴破碎机

单轴破碎机，见图 2-11，优势是用于织物含量较高的物料，例如制衣厂、棉纺厂的边角料垃圾，一次破碎碎后粒径可达到 150mm 以内。这部分垃圾中织物含量高达 90%以上，物料的韧性强，堆积密度小，对破碎设备刀具的要求非常高。刀具通常采用进口耐磨合金钢，需要定期的进行调整动刀和定刀间隙，才能保证良好的破碎效果。

单轴破碎机为四方体结构，上部是进料斗主要起到暂存物料的作用。机架通常采用型钢和低碳钢钢板制作。破碎腔在料斗下方，是破碎工作的主要位置，腔

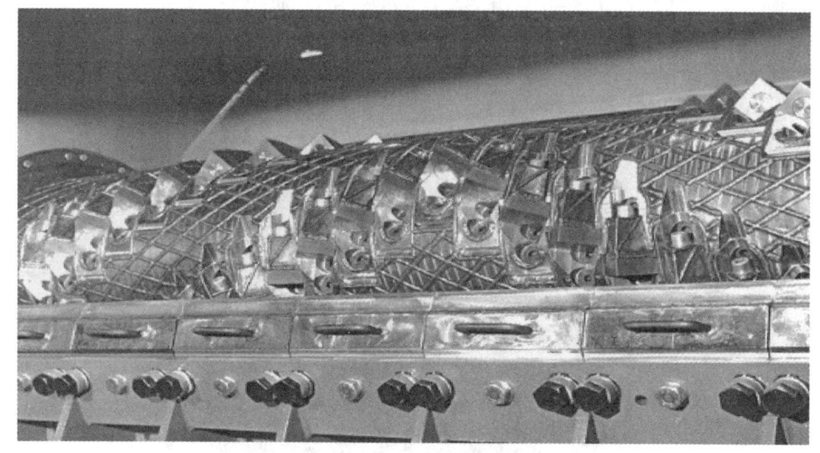

图 2-11 单轴破碎机

内安装有转轴，转轴上经过动刀、定刀、驱动装置、传动装置、压料装置等组成。

机架一般采用碳钢钢板和型钢制作，焊接结构，主要作为设备主体的支撑。破碎腔采用普通碳钢焊接，由于腔体是物料和刀轴直接作用的位置，一般会选用较厚的板材并做加强结构。转轴通常采用进口耐磨钢或者合金钢制造。轴体加工有凹槽，用于动刀刀座的焊接，两端采用调心轴承支撑，可以承受重度载荷。动刀采用耐磨合金钢制造，动刀采用高强螺栓固定在动刀刀座上，每一块动刀可以使用 4 次，这样可以提高道具的使用寿命，降低设备的使用成本。定刀采用耐磨合金钢制造，定刀采用高强螺栓固定在破碎机腔体的台面，可以灵活的调整定刀和动刀的间隙，保证物料的破碎效果。单轴破碎机多采用带传动。相比减速箱传动，带传动可以减少冲击，延长设备的使用寿命。驱动一般采用三相电机驱动。

破碎腔上部安装有料斗，可以起到暂存物料的作用，保证破碎机持续稳定的供料。

在破碎机料斗内设置有压料装置，采用液压驱动，液压缸伸缩带动压料板做往复运动，将物料推入破碎腔中，提高物料的破碎效果。

2.4.3.2 双轴破碎机

双轴破碎机，见图 2-12，用于原生生活垃圾的初破碎，通常破碎后粒径$<$300mm。双轴破碎机主要有上料斗、破碎刀轴、破碎腔、定刀、动刀、梳板、液压系统、电控柜组成。

物料进入到破碎料斗后，旋转的刀轴将物料带入破碎腔，动刀和定刀之间有一定的间隙，可以将物料通过撕扯、剪切等作用方式破碎，动刀将小于目标粒径的物料带入到破碎腔下部，进入到出料溜槽中。初破碎机两个刀轴可以按照程序设定的时间进行正反方向转动，更有利于对物料的破碎。

图 2-12　双轴破碎机

初破碎机采用低速大扭矩液压马达驱动，具有低转速，大扭矩的特点。能够将生活垃圾中的难破碎的物料（如编织袋、床上用品等）进行破碎。刀轴和动定刀可以根据磨损情况进行补焊修复，具有维护简单方便，破碎能力强的特点。

2.4.3.3　破袋机

破袋机，见图 2-13，主要是将包装袋破开，方便后续的分选系统对袋内的物料进行分选处理。破袋机可以采用电机驱动或者采用液压驱动方式。破袋机主要由液压系统、液压马达、主轴、定刀、动刀装置、气动系统、箱体、料槽等组成。当物料进入破袋机料槽中，与高速旋转的主轴接触，主轴上安装有可更换动刀，动刀将物料带入破袋腔，定刀安装在破碎腔两侧，定刀挂住包装袋，在动刀

图 2-13　破袋机

旋转的作用下，将包装袋撕扯开。定刀特殊的结构设计，可以防止物料缠挂在刀具上，并且能够高效的进行破袋。

定刀通过液压装置进行控制，可以根据物料的尺寸大小进行间隙调节，保证最佳的破袋效果。

2.4.4 蝶形筛

蝶形筛，见图 2-14，主要功能是将物料按照一定的粒径尺寸进行分类。物料在筛面做直线运动，在每组盘轴之间有一定的间隙，在运动过程中小于间隙的物料会掉落至蝶形筛下方，大于间隙的物料留在筛面上继续向前运动。蝶盘的间隙可以根据筛分粒径的需要进行调整。

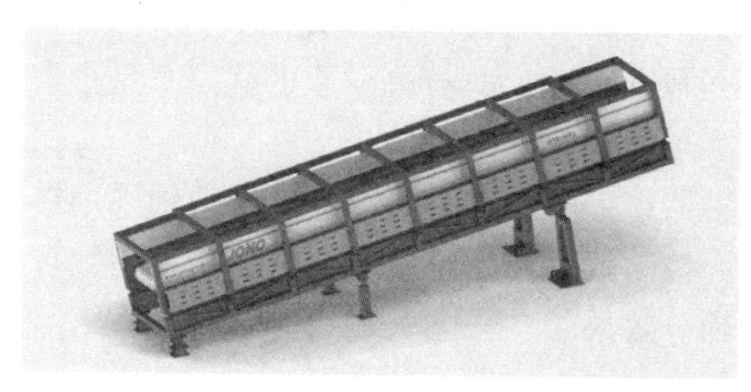

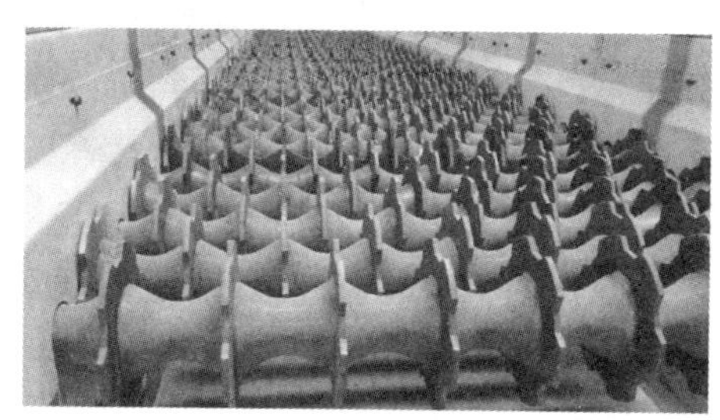

图 2-14 蝶型筛

蝶形筛主要由机架、盘轴、密封罩、驱动装置、液压升降装置组成。机架为长方体焊接件，主要作为设备主体的支撑和物料筛分区域，机架采用全密封结构，并配有吸尘口，能够有效的控制设备运行时造成的扬尘以及臭味。机架下方安装有液压升降装置，可以根据物料的特性以及处理量进行角度调整，以达到最佳的分选效果。盘轴采用耐磨钢制作，特殊的形状设计保证物料能够流畅的在筛面运动，并且物料不易缠绕在盘轴上。传动机构采用链条传动，能够在恶劣的工况下可靠工作，传动效率高，过载能力强。驱动电机普通三相电机驱动，安装在机架的一侧，方便设备的检修维护。蝶形筛的转速可以根据角度及处理量进行调节，在保证处理量的同时以达到最佳的筛分效果。

整机采用密封结构，在密封罩上开有除尘除臭接口，可以与车间的除臭系统连接，设备内部成微负压状态，防止异味溢出。

2.4.5 星形筛

星形筛，见图 2-15，工作原理与蝶形筛类似，物料在筛面做直线运动，每组星盘之间有一定的间隙，小于星盘的物料会掉落到筛下，大于星盘的物料会在筛面继续做支线运动，直至出筛面。

星形筛主要用来筛分小颗粒粒径的物料，主要包括机架、驱动轴、被动轴、

图 2-15　星形筛

星盘、联轴器、密封罩等部件。星盘由星爪和隔环组成，采用模具注塑成型，每只星盘的轴向误差不超过 0.5mm，并经过硬化处理，具有高耐磨的优点。星盘安装在驱动轴和被动轴上，同步运动。

星形筛采用减速电机驱动，通过联轴器连接驱动轴，驱动轴与被动轴采用链条传动，能够在恶劣的工况下可靠工作，传动效率高，过载能力强。星爪指数可以根据筛分粒径进行选择，达到最佳的筛分效果。

2.4.6　滚筒筛

滚筒筛，见图 2-16，主要由筒体、筛罩、底座、驱动装置、传动装置组成。滚筒筛托轮安装在底座上，通过螺栓固定，并可以做轴向径向的微调。通常滚筒筛的安装都有一定的倾斜角度，可以保证物料在筒体内有合适的停留时间，达到最佳的分选效率。筒体由进料筒体、骨架、筛网、轮带出料筒体组成。整个筒体是焊接件，轮带焊接在进料筒体和出料筒体外部。筛网通过螺栓固定在骨架上可以方便维护更换。筒体摆放在托轮上，每组轮带由两组托轮支撑，托轮通过传动装置带动做回转运动，通过筒体轮带与托轮间的摩擦力带动筒体转动。在底座的一端安装有挡轮，挡轮可以防止筒体的轴向攒动，保证托轮和轮带的正确配合。筛罩上部开有风管接口，可以与除尘系统连接，降低设备运行时的扬尘。物料进

图 2-16　滚筒筛

入筒体后在筒体内部跟随旋转筒体做回转运动。在回转运动过程中，小于筛孔的物料会透过筛网孔掉落出筒体，大于筛孔的物料从筒体的出料端排除。筒体有圆形结构和多边形结构，可以根据物料的特性进行选择。

2.4.7 弹跳筛

弹跳筛，见图 2-17，主要是将物料中的 2D 物料与 3D 物料进行分离，同时可以按照粒径要求对物料进行筛分。弹跳筛主要由机架、曲轴、筛板、筛架、驱动装置、联轴器、手动液压系统等组成。弹跳筛筛板安装在曲轴上，整个设备有一定的倾斜角度，筛板在曲轴的带动下做回转运动，物料在筛板的作用下，做跳跃式的运动，由于 2D 物料和 3D 物料的沉降速度和弹跳的距离不同，2D 物料会向弹跳筛从筛板顶端出来，3D 物料从筛板底端出来，小于筛板孔的物料掉落出筛面。

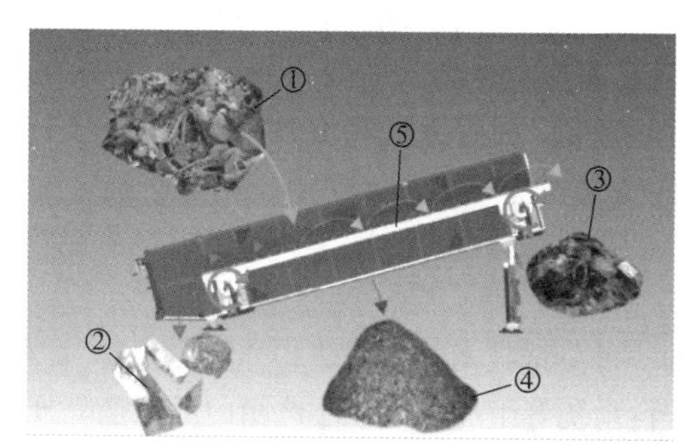

图 2-17　弹跳筛

1—进料；2—3D 物料；3—2D 物料；4—筛下物；5—运动轨迹

2.4.8 正压风选机

风选机，见图 2-18，根据物料的比重不同进行分选。目前风选机分为正压风选机和负压风选机。

图 2-18　风选机

正压风有进料皮带机、分料室、沉降室、送风管路、吹风嘴、回风管路、风机、轻物质输送皮带机、除尘装置（可接入厂房除尘中）几部分构成。送风管路将风机鼓风送至吹风嘴，吹风嘴安装在分料室的下部，物料通过进料皮带机输送至分料室，在分料室风作用在物料上，将密度小的轻质物料吹入到后方沉降室，通过自然沉降降落在出料输送皮带机上，密度大的物料自然下落，落入重物质溜槽，达到物料分选的目的。吹风嘴的角度和开口可以根据需要进行调整，以适应不同的物料。根据现场的条件，除尘装置可以单独设置，也可以介入整厂的除尘系统中。

2.4.9 负压风选机

负压风选机的原理是通过吸风嘴和吸风管路将轻质物料与重质物料分离。负压风选机主要组成有进料皮带机、吸风嘴、沉降室、回风管路、风机、除尘装置等。物料均布在进料皮带机上，当物料经过吸风嘴位置时，强大的吸力将较轻的物料吸入回风管路中，回风管路与沉降室联通，轻质物料在沉降室中自然沉降，沉降室与风机的进风管路连接，将多余的风量作为风机进风使用。

2.4.10 浮选设备

浮选主要是利用密度差将物料分离的一种分选技术，见图 2-19。浮选主要由浮选箱、搅拌系统、重物排料系统、轻物排料系统等组成。通常浮选箱内的浮选介质是水，当物料进入到浮选箱内，密度大于水的物质会沉入到浮选箱底部，密度小于水的物质会漂浮在上层，重物质排料系统将沉入底部的重物质从浮选箱排出，轻物质排料系统将悬浮在上层的轻物质从浮选箱排出。浮选后的物料湿度较大，不利于后续的分选，介质水中含有大量的泥沙、有机物，需要定期的对介质水进行更换处理。

图 2-19　磁选机

2.4.11 磁选机

磁选机主要作用是将物料中的铁磁性金属选出，生活垃圾使用的主要有悬挂

式永磁式和悬挂式电磁式两种类型。由磁芯，机架、托辊、皮带、传动机构、驱动机构等组成。磁场强度从700～1500GS，适用带宽从500～1600mm，磁选机通常安装在皮带机头轮位置或者横跨在皮带输送机上方，安装位置的皮带机输送机部分要做防磁化处理，防止铁磁性金属吸附在输送机的金属构件上。磁选机的磁场强度需要根据输送机速度以及料层的厚度进行选择。通常磁选机选出的铁磁性金属的最大质量为25kg，适用的输送机最高带速不超过4.5m/s。

2.4.12　近红外分选

近红外分选机利用特殊的光源对物料进行照射，利用近红外探测技术对物料反射的光谱进行分析，然后对比提前输入电脑中的光谱，对物料的材质进行判断。近红外分选机主要由三部分组成——进料输送机、光谱扫描仪、分离室。由于设备是利用光谱进行分析，所以对进入设备的物料要求均匀度比较高，物料需要均匀的分摊在进料输送机上，根据物料不同的光谱特性，利用近红外探测技术对物料进行分析，然后通过布置在分离室的气嘴，将指定的目标物分选出来。

2.5　原生生活垃圾分选

由于中国原生垃圾的多样性、复杂性和不同的终端处理模式，需要将各种分选设备进行组合，达到终端处理系统的要求。目前我国主要的处理模式有焚烧、卫生填埋、堆肥、热解气化等。无论是哪种处理方式，通过机械分选都可以达到减容减量，提高每种处理方式的效果，并且可以将一些能够回收利用的资源重新利用。生活垃圾组分是一项很重要的技术参数，所有的分选系统设计都是基于此项参数进行，所以在设计初期，对组分的采集分析需要做到全面，准确。

2.6　焚烧前分选系统

生活垃圾焚烧发电是生活垃圾处理的主要方式之一。随着城市人口量的不断增加，垃圾量也在不断的增加。相比卫生填埋处理方式，焚烧处理具有占地更小，减容减量优势大，污染小的特点。中国生活垃圾的含水率普遍在50%～60%之间，通过焚烧后产生的炉渣或飞灰约占10%～20%之间。物料的热值偏低，需要大量的辅助燃料；燃烧不充分，烟气排放不稳定，对周边的环境造成污染。这些都是困扰焚烧企业的主要问题。现在的焚烧已经不是简单粗狂的直接焚烧，随着我国的生活垃圾焚烧前分选技术发展与应用，可以提高入炉物料的品质，提高焚烧各项环保性能指标。

焚烧前分选系统是将原生生活垃圾在进入焚烧炉前，通过机械分选设备将垃圾中的不可燃物（惰性物），有色金属、金属选出，见图2-20。在分选的过程中也可以挥发一些水分，提高入炉焚烧物料的热值。焚烧前分选系统主要包括给料

图 2-20　焚烧前分选流程图

系统、预破碎、筛分系统、物料收集存储系统、输送系统等。主要目的要提高入炉物料的热值，减少飞灰、灰渣量，稳定排放指标，减少炉渣结胶成块，减少物料燃烧不完全的现象。

工艺简介：

通过给料系统将物料均匀的输送到初破碎机，初破碎机将物料破碎到要求的粒径范围内，通常的粒径范围在 300mm 以内，经过初破碎后，物料进入到机械分选系统。在进入滚筒筛之前首先要经过第一道磁选机，将物料中尺寸较大的铁质金属选出，然后进入到滚筒筛或蝶形筛等筛分设备（筛孔的尺寸 80～120mm 之间）将物料分成两股物料流。大于筛孔尺寸的物料称作筛上物，小于筛孔尺寸的物料称作筛下物。筛上物经过磁选机进行除铁后，进入筛上物有色金属分选机，将物料中的有色金属选出，再进入筛上物风选机将物料中的重物质（如砖瓦石块、玻璃等）分选出，其余物料作为轻物质可以进入到细破碎机将物料破碎成更小的粒径待烧。筛下物经过磁选机后进入有色金属分选机，选出有色金属后，进行除铁再进入到筛下物风选机后将物料中的重物质（如砖瓦石块、玻璃等）分选出，其余物料直接进入到成品库待烧。

此工艺是一个比较常规的焚烧前分选工艺，需要结合当地的物料情况对设备进行选定，结合处理量对设备进行选型。北方地区的灰渣玻璃比较多可以根据需要在分选线中增加星形筛，光电分选等设备来提高分选系统的分选效果。

经过分选后的物料，含水率能够降低2%左右，除铁率能够达到80%以上，有色金属的分选率能够达到70%以上，砖瓦石块的分选率80%以上，大大提高了入炉物料的品质。

2.7　资源化分选系统

资源化分选系统主要是将生活垃圾中的可回收物选出进行重新利用，有机类的物质进行堆肥或厌氧，砖瓦石块等经过处理后可作为路基骨料，以及少量的剩余物需要填埋处理。资源化分选系统流程图见图2-21。

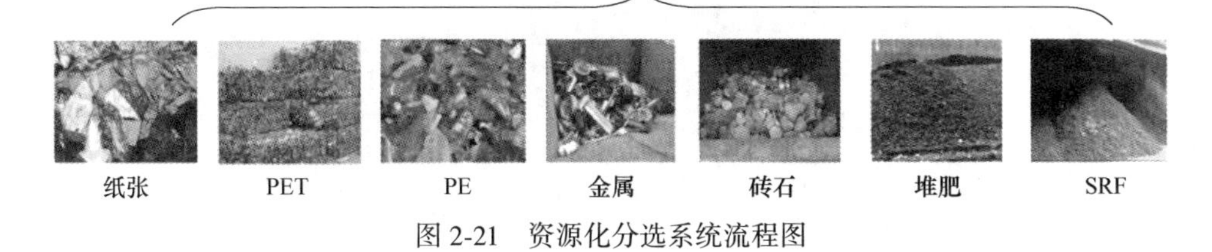

图2-21　资源化分选系统流程图

首先物料通过抓机或铲车上料到步进给料系统，通过步进给料机出料端的均料辊，物料能够均匀进入皮带输送机上。皮带输送机将物料输送到破袋机，破袋机能够将袋装的生活垃圾破开，将物料从包装袋中抖散出来，然后进入到筛分设备中，一般采用有防缠绕装置的高速滚筒筛，筛孔一般在300mm左右，高速滚筒筛通过高速旋转，能够将物料带到更高的位置，使底部的料层更薄，更有利于筛分。筛板安装有防缠绕装置，能够有效的防止长条形的物料对筛孔的堵塞，更有利于筛分工作。筛上物可以使用风选机将其中的轻物质与重物质进行分离。轻物质多是塑料和织物，可以通过光电分选设备或人工分拣将织物和塑料进行分离，织物进入到破碎机中按照需要的粒径进行破碎，作为SRF燃料进行焚烧。重物质多是一些尺寸较大的石块，这部分物料经过稳定后可以作为铺设道路的基石。筛下物进入到另一台滚筒筛，筛孔一般在80mm左右，80~300mm的物料进入到风选机，风选机的轻物质主要有PET瓶、PE袋、鞋子、尿不湿、织物等可以通过光电分选机或人工分拣将PET瓶和PE袋分选出来，其他的物料进入到破碎机中，按照要求的粒径破碎，制成 SRF。0～80mm 的物料经过风选机将其中的塑料和纸张分选出来，这部分塑料和纸张比较混杂，不易重复利用可以直接作为 SRF。重物质可以通过光电分选将其中的玻璃分选出来，其余的物料作为堆肥的原料进行堆肥处理。经过一定周期的发酵堆肥后，可以用作园林绿化的肥料。

通过资源化分选系统的处理，可以将 80%以上有价值的塑料选出，金属的选出率 80%以上，砖瓦石块的传出率 80%以上。

2.8 陈腐垃圾处理系统

我国早期的处理方式多是以填埋为主，在一些比较落后的地区，早期的填埋很少进行防渗处理，造成周边的地下水、土壤的污染。伴随着我国城市发展，城市的占地面的不断的扩大，部分早期填埋场已经阻碍了城市的发展。针对陈腐垃圾的处理迫在眉睫。陈腐垃圾处理系统流程图见图 2-22。

图 2-22　陈腐垃圾处理系统流程图

陈腐垃圾的分选系统主要包括好氧反应阶段，生物稳定阶段，机械分选阶段三个阶段。陈腐垃圾的堆积密度较高，一般在 0.8t/m^3 左右，含水率在 35%～45%之间。

好氧反应主设备一般都会集成在集装箱内，能够方便的进行运输。主要包括：送风风机、引风风机、风管、气体处理设备、检测设备、监测设备等。首先对陈腐垃圾填埋场进行勘探钻孔，按照区域进行风管的预埋，然后通过风机将新鲜的空气打入地下，与填埋层的沼气及其他有害气体进行置换。回风管与引风风机相连，有害气体通过回风管被送入气体处理装置，通过处理使气体达标后进行排放。

经过大约6周左右的好氧反应，通过监测回风管路的气体的浓度值，进行判定能否进行开挖工作。达到安全要求后可以进行开挖。

开挖后的物料通过生物稳定阶段，将未彻底降解的有机物进行分解，消除异味。生物稳定采用的是好氧工艺，通过半透膜和送风系统，使陈腐垃圾中未降解完全的有机物进行快速降解，是厌氧反应转化为好氧反应，消除臭味。

机械分选阶段是将陈腐垃圾中的塑料、金属、木质类进行回收，渣土经过筛分处理后可以重新回填，其中还有部分的砖瓦石块等建筑垃圾混杂其中，这部分经过机械分选出来后可以作为回填料或者作为铺路的骨料重新利用。

物料首先通过抓机或铲车投料到板链输送机上，板链输送机出料端设置有均料辊，均料辊将物料均匀的输送到皮带输送机上。然后进入到一台棒条筛，主要将大件的干扰物选出，其他物料进入到滚筒筛进行筛分，滚筒筛筛孔设置为80mm左右，筛上物料进入到陈腐垃圾风选机，将其中的塑料等轻质的物料选出，进行打包。风选机重物质多为石块、砖头等物料，可以用作回填料或进一步处理作为铺路的骨料。滚筒筛筛下物进入到星形筛（筛孔30mm），筛下物多为腐殖土，可以作为回填料使用。星形筛筛上物进入到风选机将轻物质选出可以直接作为可燃物送去焚烧电厂处理，风选机重物质作为回填料回填。在系统中安装的磁选机能够将物料中的电池、铁器等分选出来。

通过本系统的处理，可以将填埋垃圾中的塑料、织物等可燃物选出，有效的降低回填物料的体积，延长填埋场的服务年限；重金属的选出可以减少对地下水及周边环境的污染；有机物的稳定化，可以减少异味的散发。或者进一步的通过土壤修复技术，使填埋场得面貌焕然一新，变成一座城市公园。

2.9 有机垃圾分选系统

有机垃圾主要是指含有大量有机物的生活垃圾，有机物中会混杂一些包装袋、泡沫板、砖瓦石块、编织物等杂物，此类垃圾主要是通过将有机物发酵，产生沼气，沼渣进行堆肥或脱水后焚烧处理。由于发酵对物料的敏感性，对进料的物料尺寸和纯度都有要求。因此有机垃圾分选系统必须能够将物料中的塑料、沙石、织物等干扰物选出，并对发酵物料进行粒径控制。

有机垃圾的分选第一道工序是对包装物料进行破袋，破袋后进入到筛分设备，通常使用滚筒筛。破开包装袋的物料在滚筒筛内不断的翻动，将袋内物料抖出包装袋，然后通过滚筒筛的筛分将有机质与包装袋分离。筛上物进入到弹跳筛，将混在筛上的惰性物质与塑料、织物等物料分开，将粘附在物料表面的有机质进一步的去除。筛下物进入到再进入到张弛筛，将细颗粒的渣土分出。张弛筛筛上物进入风选机，将物料中的塑料选出，其余物料进入NIR，将物料中的玻璃去除后进入厌氧系统进行发酵。

只要有人类活动的存在，垃圾的产生就不会停止。生活垃圾的分选是一个复杂的工艺过程，针对我国各地的垃圾特点，分选系统的工艺设计、设备选择都会有一定的区别。单纯的引进国外技术和设备是不能适应我国国情的，随着国家对垃圾问题的重视，人们对环境保护意识的不断提高，新技术、新设备的不断研发，我国在生活垃圾处理的问题上已经有了很大的提高，但距离欧美等发达国家还是有一定的距离，还需要环保人士的共同努力，为营造一个和谐、优美的生活环境。

3 餐厨垃圾湿式厌氧消化技术

3.1 厌氧消化的基本知识

3.1.1 厌氧消化过程

厌氧消化是指在没有溶解氧、硝酸盐和硫酸盐存在的条件下，微生物将各种有机质进行分解并转化为甲烷、二氧化碳、微生物细胞以及无机营养物质等的过程。其生物化学过程主要包括分解、水解、产酸、产乙酸和产甲烷化 5 个步骤，见图 3-1。各种复杂有机质，无论是颗粒性固体还是溶解状态，无论是复杂有机质，还是成分相对单一的纯有机质，都可以经过生物化学过程而产生沼气。

（1）胞外分解：指具有多种反应特性的混合颗粒物质的降解，在很大程度上是非生物过程，它把混合颗粒底物转化为惰性物质、碳水化合物、蛋白质和脂类，包括一系列作用，如溶解、非酶促衰减、相分离和物理性破坏。

（2）胞外水解：指相对较纯的底物降解，即碳水化合物、蛋白质和脂类经胞外酶水解，分别生成单糖（或二糖）、氨基酸和长链脂肪酸及甘油，如纤维素被纤维素酶水解为纤维二糖和葡萄糖，淀粉被淀粉酶水解为麦芽糖和葡萄糖；蛋白质被蛋白酶水解为氨基酸，脂类被脂肪酶水解为长链脂肪酸和甘油。

（3）产酸：指水解阶段产生的小分子化合物在发酵性细菌的细胞内转化为更简单的小分子有机酸（如乙酸、丙酸、丁酸、戊酸）、乙醇、CO_2 和 H_2 等，并分泌到细胞外，另外，氨基酸产酸降解的同时伴随氨的生成。

（4）产氢产乙酸：指产酸阶段生成的小分子有机酸（乙酸除外）进一步转化为乙酸、H_2 和 CO_2 的过程；然而乙酸和 CO_2/H_2 之间又存在相互转化，包括乙酸氧化产 CO_2/H_2 以及 CO_2/H_2 同型产乙酸。

（5）产甲烷：指乙酸、H_2 和 CO_2 转化为甲烷和 CO_2 的过程，包括分解乙酸产甲烷和氢还原二氧化碳产甲烷。

当厌氧消化系统中存在硫酸根或含硫有机质，并且含有硫酸盐还原菌时，发酵系统会进行硫酸盐还原生成硫化氢；当存在硝酸根，并且含有硝酸盐还原菌时，发酵系统会进行硝酸盐还原生成氨或氮；另外，参与产乙酸和产甲烷步骤的大部分微生物属于一氧化碳营养菌，该类细菌利用 CO_2/H_2 生成乙酸或甲烷以及乙酸氧化产 CO_2/H_2 的过程中会伴随中间产物一氧化碳的生成。综上原因，沼气通常含有少量的硫化氢（H_2S）、氮（N_2）、氨（NH_3）、一氧化碳（CO）。沼气发酵的生物化学过程见图 3-1。

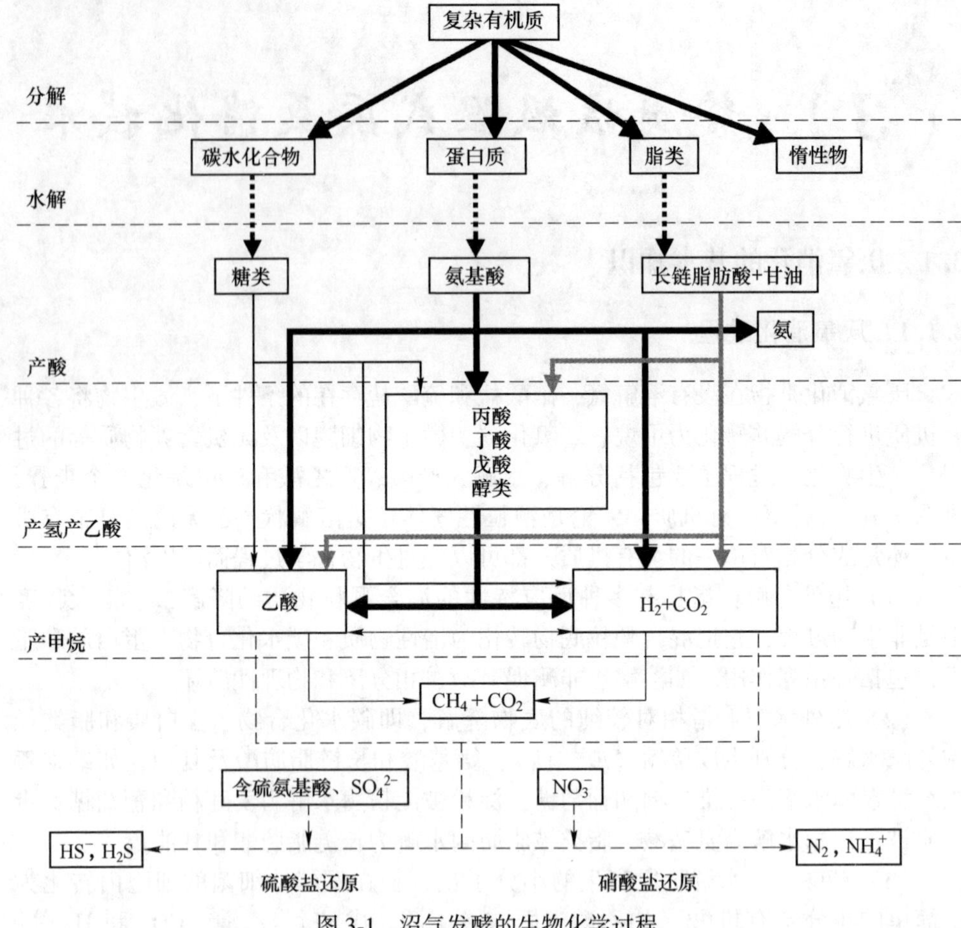

图 3-1　沼气发酵的生物化学过程

3.1.2　厌氧消化影响因素

厌氧消化过程实质上是微生物进行生长代谢的过程，要使厌氧消化正常运行并获得较好的产气效果，就要创造适宜沼气发酵微生物进行正常生命活动所需的环境条件。影响厌氧消化的影响因素主要有以下几种：

3.1.2.1　接种物

厌氧消化是一种微生物过程，需要一定数量的沼气发酵细菌参与完成，因此在启动初期，需要加入含有沼气发酵细菌的接种物，而接种物的来源和接种物的添加比例直接影响沼气发酵微生物群落平衡的建立、启动快慢和产气效果。接种物来源广泛，沼气池的沼渣沼液、城市下水道污泥、湖泊、池塘或污水沟底泥、化粪池污泥、污水处理厂的厌氧活性污泥、人畜粪便等都可以作为接种物。

采用生态环境一致的厌氧活性污泥作为接种物，能够使沼气发酵快速启动。当不具备这种条件是，需要进行接种物的富集驯化培养，驯化方法为：选择活性较强的厌氧活性污泥装入密闭的容器中，添加少量所要厌氧消化处理的原料，在适宜的温度（常温、中温 37℃和高温 55℃）和 pH 值为 6.8～7.5 条件下培养一周，再适量加入发酵原料，重复以上步骤逐渐扩大培养，直到获得所需的接种量。较大的接种量能加快启动，但是较大接种量减少反应器处理能力，尤其对于批式发酵，一般接种量为发酵料液的 15%～30%，产甲烷活性高的接种物可以少些，反之，应增大接种量以获得快速的启动。

3.1.2.2　厌氧环境

沼气发酵微生物中的水解产酸菌和产甲烷菌都是厌氧细菌，尤其产甲烷菌是严格厌氧菌，对氧特别敏感，它们不能在有氧的环境中生存，即使有微量的氧存在，产甲烷菌的都会受到抑制，甚至死亡。因此，严格厌氧环境是沼气发酵的先决条件，人工建造的沼气池应该是一个不漏水、不漏气的密闭池（罐）。厌氧程度一般用氧化还原电位（ORP、Eh、Rh）来衡量，适宜沼气发酵的氧化还原电位应低于-330mV。

沼气发酵的启动或新鲜原料入池时，会带进一部分氧气，造成沼气池内较高的氧化还原电位。但由于在密闭的沼气池中存在好氧或兼性厌氧菌等水解产酸菌，它们的代谢活动迅速消耗了溶解氧，使沼气池的氧化还原电位逐渐降低，从而创造了产甲烷菌所必需的良好的氧化还原电位条件。据测定，在沼气发酵开始时，沼气池中的氧化还原电位为-121mV，发酵 9～47 天后，氧化还原电位降到-353～-550mV。

3.1.2.3　温度

A　温度对沼气发酵的影响

较为公认的沼气发酵温度可分为三个范围：低于 20℃的低温发酵，20～40℃的中温发酵，50～65℃的高温发酵。在这三类温度范围内运行的反应器内起主要作用的沼气发酵微生物分别为嗜冷微生物、嗜温微生物和嗜热微生物，例如，在高温反应器中只有嗜热微生物起主要作用。值得注意的是，40～45℃的温度范围对沼气发酵来说是很不利的，它既不属于中温范围，也不属于高温范围，在该范围内的沼气发酵效率较低（见图 3-2），在实际应用中应避免使厌氧反应器在此温度范围内运行。

a　低温发酵

虽然曾发现在永久冻土融化后释放出甲烷，表明在冻土中可能存在极端嗜冷产甲烷菌，因此人们认为在冰点附近甚至冰点以下都能够进行沼气发酵，这当然

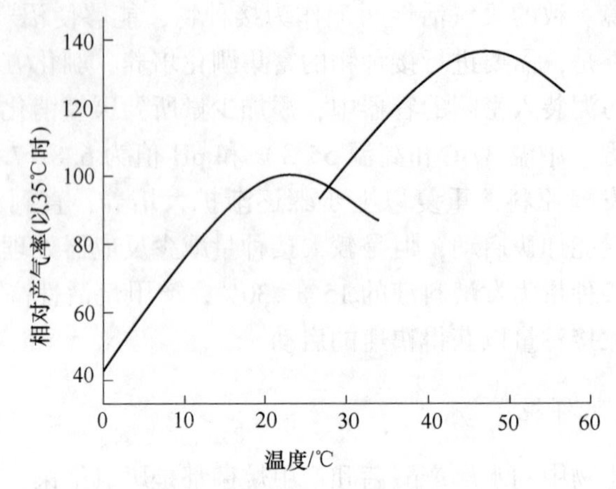

图 3-2　温度对产气率的影响

是高寒地区人们所希望的，但是大量的研究工作表明这是不可能的。国际上通常说的低温发酵是指发酵温度在 20℃以下的沼气发酵。在低温条件下，微生物的生理特性决定了其生长代谢活性均很低，因此，想要通过提高单位污泥活性的方法来提高沼气发酵效率是不太现实的，只能通过提高单位体积反应器内的厌氧活性污泥数量来提高沼气发酵效率。近年来新型发酵工艺或反应器的开发和应用，尤其是膨胀颗粒污泥床、内循环厌氧反应器、厌氧滤器、纤维填料床反应器的出现，使低温发酵的应用得到了发展。

低温沼气发酵非常适合处理低浓度废水（COD<3000mg/L），包括酒精厂、饮料厂、啤酒厂等轻工业废水以及城市生活污水。对于这种低浓度废水，若进行中温厌氧消化，需要消耗大量的能量用于加热，而能量主要被用来加热水，处理费用将大大增加。因此，直接在低温条件下厌氧发酵处理低浓度有机废水，无疑是一种很有吸引力的技术。

b　中温发酵

中温沼气发酵是应用较多的发酵方式，其中最常见的发酵温度为 35～38℃。与低温发酵相比，中温发酵能够显著提高产气能力，但是在工程应用上，不仅要考虑产气量的多少，还应该考虑保持中温所消耗的能量投入，应该根据环境温度选择最佳的净产能温度。

在我国大部分地区，尤其在北方，如果要使沼气发酵常年正常运行，必须采取增温保温措施，尽管加热和保温系统的安装会加大投资，但这些设备是沼气工程所必须的。一般来讲，当采用中温或高温发酵时，发酵原料应具有较高的有机物浓度，每立方米原料经沼气发酵后可产沼气 20m^3 以上，这样才会有较高的净产能。

c　高温发酵

高温发酵工艺多在 50～ 56℃条件下运行。高温消化的产气速率约为中温消

化的1.5~2倍，另外，高温发酵可以有效杀死病原菌和寄生虫，这对于处理畜禽粪便和城市生活有机垃圾是极为重要的。但是高温发酵在工程应用上并不广泛，主要局限在于：（1）高温发酵稳定性差，例如，高温条件下容易受到氨氮的抑制，因为高温条件下的游离态氨比中温条件下的游离态氨浓度高，另外，高温发酵对温度波动较为敏感。（2）维持反应器的高温运行能耗较大，如若将水温提高10℃则要消耗COD 6000~8000mg/L所产的沼气，即每吨水要消耗3~4m^3沼气。因此，从净产能来看高温发酵并不合算。

从实际应用来看，一般用于有余热或废热可利用的情况下，例如酒精废醪的沼气发酵多采用高温，因为酒精蒸馏需要100℃以上的温度，排出的废醪温度较高，采用高温发酵也不必加热处理。另外，高温发酵用于处理需要杀灭病原菌或寄生虫卵的废弃物。

d 常温发酵

常温发酵是指发酵温度随环境温度变化而没有进行恒温控制的沼气发酵，发酵温度一般在5~30℃之间，包含于低温和中温范围内。常温沼气发酵多见于农村户用沼气池、南方中小规模的沼气池，以及其他没有条件进行加热和保温处理的沼气池。常温发酵的产气效率较低，一方面由于发酵温度较低，另一方面是因为发酵温度变化较大，影响沼气发酵的正常进行，尤其对于地上式沼气池，一天的温差最高可达20℃。实验表明，池温在15℃以上时，沼气发酵能较好地进行，池温在10℃以下时，沼气发酵微生物受到强烈抑制，产气率仅为0.01$m^3/(m^3 \cdot d)$，当池温升至15℃以上，产气率可达0.1~0.2$m^3/(m^3 \cdot d)$，当继续升至20℃以上，产气率可达0.4~0.5$m^3/(m^3 \cdot d)$。

B 温度变化对沼气发酵的影响

厌氧微生物比好氧生物对温度的变化更为敏感，产甲烷菌比产酸菌对温度的变化更为敏感。因此，在厌氧生物反应器的运行过程中，对于反应温度进行控制显得更为重要，其波动范围一天不宜超过±2℃，当有±3℃的变化时，就会抑制消化速度，有±5℃的急剧变化时，就会停止产气。然而，温度波动不会使发酵系统受到不可逆的破坏，温度波动对发酵的影响是暂时的，温度已经恢复正常，发酵的效率也随之恢复，但是，温度波动时间较长时，沼气发酵效率恢复所需的时间也相应较长。

此外，厌氧生物处理对温度的敏感程度随有机负荷的增加而增加，当反应器在较高负荷下运行时，应特别注意温度的控制，一天中温度波动范围应不超过2℃为宜。

3.1.2.4 pH值与碱度

A pH值对沼气发酵的影响

酸碱度（pH值）是影响沼气发酵的重要因素，同时也是反映沼气发酵过程

的一个重要参数。水解产酸菌对 pH 值有较大范围的适应性，这类细菌在 pH 值为 5.0~9.0 范围内均能够正常生长代谢，一些产酸菌在 pH 值小于 5.0 时仍能生长；但通常对 pH 值敏感的产甲烷菌的适宜生长 pH 值为 6.5~7.8，因此，沼气发酵的最适 pH 值为 6.5~7.8，超出这个范围均会对沼气发酵有抑制作用。当沼气池的 pH 值过高（大于 7.8）或过低（小于 6.5），说明反应器内有机酸或氨氮的积累，此时产甲烷菌的生长代谢受到抑制，pH 值在 5.5 以下，产甲烷菌的活动则完全受到抑制。沼气发酵微生物对 pH 值的波动非常敏感，即使在其生长 pH 值范围内的突然改变也会引起细菌活性的明显下降，这表明细菌对 pH 值改变的适应比对温度改变的适应过程要慢得多。超过 pH 值范围的 pH 值改变会引起更严重的后果，低于 pH 值下限并持续过久时，会导致产甲烷菌活力丧失殆尽而产乙酸菌大量繁殖，引起沼气发酵系统“酸化”，严重酸化后，发酵系统难以恢复至正常状态。

影响 pH 值变化的因素主要有以下几点：(1) 发酵原料的 pH 值，例如酒精废醪、丙酮丁醇废醪等，这些原料中由于含有大量的有机酸，pH 值一般在 3.5~5.5 之间。如果在短时间内向反应器中投入大量这类原料，也会引起反应器 pH 值的下降。但如果向正常运行的反应器内按反应器所能承受的负荷进料时，有机酸会很快被分解利用，不会引起反应器“酸化”，所以也不必对进料的 pH 值进行调解。(2) 在启动时投料浓度过高，而接种量又不足，以及在反应器运行过程中突然升高有机负荷，都会因产酸和产甲烷的平衡失调而引起有机酸的积累，导致 pH 值下降。这往往是造成启动失败或运行失常的主要原因。(3) 进料中混入大量的酸性或碱性物质，如味精废水中含有较多盐酸或硫酸，造纸黑液中含有大量氢氧化钠，这些原料都会直接影响发酵液的 pH 值。对于这类原料，在进料前应进行 pH 值调解，在允许的情况下，可以将酸性原料和碱性原料混合处理，如将造纸黑液与糠醛废水进行混合后其 pH 值接近中性，则使厌氧消化容易进行。

为防止沼气发酵“酸化”，应加强反应器的监测，一旦发生酸化现象应立即停止进料，如 pH 值降至 6.0，可适当添加石灰水、碳酸钠溶液或碳酸氢氨溶液进行中和，如果 pH 值降至 6.0 以下，则在调整 pH 值得同时，应补充接种物以加快 pH 值的恢复。

B　pH 值的缓冲能力和碱度

在沼气发酵过程中，发酵系统需要具有一定的 pH 值缓冲能力，即当酸或碱性的中间产物积累时防止 pH 值剧烈变化的能力。一般情况下，pH 值突然增加的风险很小，因为废水厌氧处理过程中能够产生足量的 CO_2，以中和碱性物质。但是，pH 值得下降应该加以注意，当产酸过程比产甲烷过程占有较大优势时，如果系统中没有足够的缓冲能力就会产生严重问题，这就发酵系统中存在一定的碱

度以中和发酵系统中积累的有机酸。

碱度是指水中含有的能与强酸（盐酸或硫酸）相作用的所有物质的含量，沼气发酵系统中的碱度主要是碳酸氢盐、碳酸盐和氢氧化物的存在。虽然所有的挥发性脂肪酸（乙酸、丙酸、丁酸等）也是弱酸，它们的 pK_1 值在大约 4.8 左右，但是它们不能为沼气发酵系统提供合适的缓冲范围。沼气发酵系统需要更弱的酸，例如碳酸，当碳酸与碱作用时就会产生发酵系统所需的碳酸氢盐缓冲液。碳酸氢盐既可以存在于发酵原料中（例如废水）也可以通过蛋白质或氨基酸降解形成 NH_4^+ 而产生，如果由原废水或原料的降解中不能形成碱度，那么就应向发酵系统中额外添加碱度。

碱度的测定可用标准盐酸（0.1mol/L）在用溴钾酚绿和甲基红的混合指示剂的条件下进行滴定的效果较好。该指示剂反应颜色如下：pH 值在 5.2 以上为蓝绿色，pH 值 5.0 时为浅蓝灰色，pH 值 4.8 时为淡粉红色，pH 值为 4.6 时为浅粉红色。滴定至浅粉红色时为终点，这样即可根据样品和空白对照消耗的标准酸体积量，按下式计算则为总碱度（TA）（以 $CaCO_3$ 计）：

$$总碱度\ TA = \frac{(V_1 - V_0) \times N \times 50 \times 1000}{V_2} \quad (mg/L)$$

式中 V_1——样品滴定消耗的标准酸体积，mL；

V_0——空白对照消耗的标准酸体积，mL；

N——标准酸的当量浓度，mol/L；

50——每克当量 $CaCO_3$ 的克数；

V_2——样品体积，mL。

当发酵液内挥发性脂肪酸浓度很低时，碳酸氢盐碱度与发酵液的总碱度大致相当。在 pH 值 6~8 范围内，支配 pH 值变化的主要化学反应体系是二氧化碳-碳酸氢盐缓冲系统，他们通过以下平衡式影响 pH 值（或氢离子浓度）：

$$[H^+] = K_1 \frac{[H_2CO_3]}{[HCO_3]}$$

从平衡式可以看出，氢离子浓度与发酵液内碳酸浓度成正相关，与碳酸氢盐浓度成负相关，K_1 为碳酸的解离常数。而发酵液内的碳酸浓度与沼气中的 CO_2 分压（体积百分数）有关。此时，发酵液的 pH 值受碱度和沼气中 CO_2 浓度的共同影响，图 3-3 所示为温度在 35℃ 时 pH 值与沼气中 CO_2 及碳酸氢盐碱度的关系。

从图 3-3 可以看出当反应器中 CO_2 含量为 30%～40%、碳酸氢盐碱度为 1000mg/L 时，发酵液的 pH 值则为 6.7；若碱度低于此值，当挥发性脂肪酸稍微增加，就将使 pH 值显著下降，所以 1000mg/L 的碳酸氢盐碱度对沼气发酵来说偏低，应保持 2500～5000mg/L 的碳酸氢盐碱度，这样可以在挥发性脂肪酸浓度

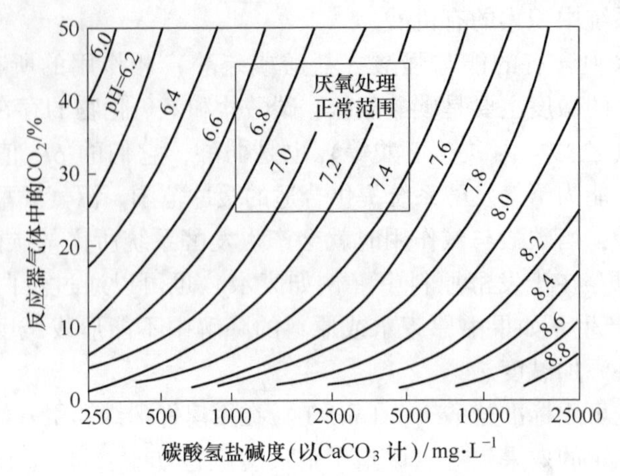

图 3-3　pH 值与沼气中 CO_2 浓度及碳酸氢盐碱度的关系

上升时提供更多的缓冲能力，它们可与挥发性脂肪酸发生反应，避免 pH 值有太大变动，以乙酸为例其反应如下：

$$Ca(HCO_3)_2 + 2CH_3COOH \longrightarrow Ca(CH_3COO)_2 + 2H_2O + 2CO_2$$

$$CaCO_3 + 2CH_3COOH \longrightarrow Ca(CH_3COO)_2 + H_2O + CO_2$$

$$NH_4HCO_3 + CH_3COOH \longrightarrow CH_3COONH_4 + H_2O + CO_2$$

$$NaHCO_3 + CH_3COOH \longrightarrow CH_3COONa + H_2O + CO_2$$

当发酵液中的挥发性脂肪酸浓度上升，发生上述反应后，这时发酵液的总碱度包括碳酸盐碱度和挥发性脂肪酸碱度。在此情况下，碳酸盐碱度可按下式估算：

$$BA = TA - 0.85 \times 0.833 \times TVFA$$

式中　BA——碳酸盐碱度，mg/L（按 $CaCO_3$ 计）；

TA——总碱度，mg/L（按 $CaCO_3$ 计）；

TVFA——总挥发性脂肪酸浓度，mg/L（按乙酸计）。

上式中的 0.85 是因为在滴定时只有约 85%的挥发性脂肪酸碱度被测定，0.833 是 $CaCO_3$ 相对分子质量与两个乙酸相对分子质量的比值，因为碱度的质量按 $CaCO_3$，而挥发性脂肪酸的质量按乙酸计。

根据研究结果，总碱度在 3000~8000mg/L 时，由于发酵液对所形成的挥发性脂肪酸具有较强的缓冲能力，在反应器运行过程中，发酵液内的挥发酸在一定范围变化时，都不会对发酵液的 pH 值有较大影响。但在发酵过程中，如果挥发酸大量积累，碳酸盐碱度低于 8000mg/L 时，缓冲能力所剩无几，发酵液 pH 值得变化将进入警戒点，如挥发酸继续积累将造成 pH 值急剧下降，导致发酵失败。例如当总碱度为 8450mg/L 时，而挥发酸浓度上升至 5000mg/L，则碳酸盐碱度按上式计算只有 960mg/L，此时应采取措施降低发酵负荷，甚至停止进料，严

重时应投入具有缓冲能力的化学药品。碳酸氢钠是增加碱度的最理想物质，但价格比苛性钠、纯碱和石灰水要高得多。实际应用中，出水循环也是增加进水碱度、调节 pH 值的有效手段。

3.1.2.5 负荷

厌氧消化负荷有以下几种含义和表示方法：

（1）容积有机负荷。即单位体积反应器每天所承受的有机物的量，对于废水原料通常以 kg COD/(m^3 · d) 为单位，对于固体有机废弃物通常以总固体含量（TS）或挥发性固体含量（VS）来表示有机物含量，相应的容积有机负荷为 kg/(m^3 · d) 或 kg/(m^3 · d)。容积有机负荷是反应器设计和运行的重要参数。

$$\mathrm{VLR} = \frac{Q\rho_{\mathrm{w}}}{V}$$

式中 VLR——容积有机负荷（以 COD、TS 或 VS 计），kg/(m^3 · d)、kg/(m^3 · d) 或 kg/(m^3 · d)；

Q——进料量，m^3/d；

ρ_{w}——进料浓度（以 COD、TS 或 VS 计），kg/m^3、kg/m^3或 kg/m^3；

V——反应器体积，m^3。

（2）污泥负荷。即单位厌氧污泥每天所承受的有机物的量，单位是 kg/(kg · d)，在反应器运行过程中确定容积负荷的根据是污泥负荷。污泥负荷适用于不含固形物的有机废水处理，对于含固形物或固体有机垃圾原料不适用，因为不能将厌氧活性污泥与原料中固形物有效区分。

$$\mathrm{SLR} = \frac{Q\rho_{\mathrm{w}}}{V\rho_{\mathrm{s}}}$$

式中 SLR——污泥负荷，kg/(kg · d)；

Q——进料量，m^3/d；

ρ_{w}——进料浓度（以 COD 计），kg/m^3；

ρ_{s}——反应器中污泥浓度（以 VSS 计），kg/m^3；

V——反应器体积，m^3。

（3）水力负荷。即单位体积反应器每天所承受的发酵原料体积，单位是 m^3/(m^3 · d)。在相同容积有机负荷的前提下，发酵原料的有机物浓度不同，投料体积则不一样，这就构成了不同的水力负荷。有机物浓度高则水力负荷低，有机物浓度低则水力负荷高。当原料的有机物浓度基本稳定时，水力负荷则成为工艺控制的主要条件。

负荷的控制，目的在于获得较高的单位体积反应器的有机质去除率，同时获得较高的沼气产率和较低的出水有机物浓度。一个厌氧反应器负荷的高低决定了

厌氧反应器的效率，随着负荷的提高，反应器的处理效率和产气率也随之提高，但是发酵液中的挥发酸积累区域上升，废水中的有机物去除率趋于下降，如图3-4所示。负荷过高反应器的处理效率反而会下降，例如，一个反应器的负荷（以COD计）为10kg/(m^3·d)时，COD去除率为65%，其容积COD去除率为6.5kg/(m^3·d)；而另一个反应器负荷（以COD计）为8kg/(m^3·d)，COD去除率达到85%，其容积COD去除率可达6.8kg/(m^3·d)。

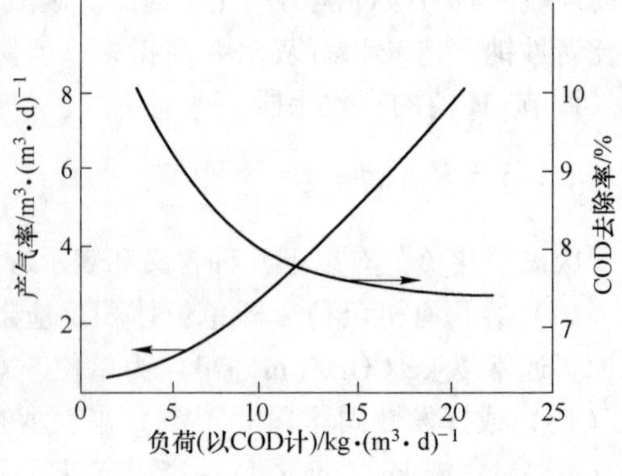

图3-4　负荷与产气率及有机物去除率的关系曲线

3.1.2.6　停留时间

在沼气发酵过程中，停留时间也是影响消化过程稳定性和单位原料产气率的重要影响因素。停留时间分为三种：水力停留时间（HRT）、固体停留时间（SRT）和微生物停留时间（MRT）。

A　水力停留时间（HRT）

HRT是指一个反应器内的发酵液按体积计算被全部置换所需要的时间，可计算：

$$\mathrm{HRT} = \frac{V}{Q}$$

式中　HRT——停留时间，d；

V——反应器有效体积，m^3；

Q——进料量，m^3/d。

在生产上习惯使用投配率（η）一词，即每天进料体积占反应器有效容积的百分数，计算为：

$$\eta = \frac{Q}{V} \times 100\% = \frac{1}{\mathrm{HRT}} \times 100\%$$

当反应器在一定容积有机负荷条件下运行时，其HRT与发酵原料的有机质浓度呈正比，有机质浓度越高HRT则越长，这有助于提高有机质的分解率。降低发酵原料的有机质浓度或提高反应器的负荷都会使HRT缩短，但是过短的HRT会使大量有机质和微生物从反应器中冲走，除非采取一定措施将固体和微生物滞留，否则有机质的分解率和原料产气率都会大幅下降。减小停留时间可减小反应器容积，但另一方面也会降低有机物的去除率，在实际工程中必须平衡这两个方面。停留时间越长，有机物消化越完全，然而反应速率随着停留时间的增

加逐渐降低，因此存在一个最佳的停留时间，使得用最少的成本获得较好的处理效果。在生产过程中可根据发酵目的的不同，选择合适的 HRT，如果以生产沼气为主则可适当靠近最佳停留时间，如以环境保护为主，则应适当延长 HRT。

最佳停留时间与原料种类关系最为密切，表 3-1 列举了部分原料在 35℃条件下不同停留时间的产气情况。另外，原料特性、消化温度、有机负荷以及消化工艺等均会影响最佳停留时间。例如，可以通过原料预处理（破碎、热处理、酸碱处理、超声处理等）、提高发酵温度、强化搅拌、采用高效反应器等缩短最佳停留时间。当然，这些处理措施也会增加相应投资成本，在生产过程中应进行经济性平衡。

在沼气工程设计时，除了根据容积有机负荷（VLR）确定反应器体积，也可以根据 HRT 确定反应器体积：

$$V_{\mathrm{R}} = \frac{Q \times \mathrm{HRT}}{\theta}$$

式中 V_{R}——反应器体积，m^3；

Q——进料量，m^3/d；

HRT——停留时间，d；

θ——反应器有效体积（V）占反应器体积分数，通常为 90%，预留 10% 作为缓冲，防止发酵产生的泡沫或浮渣堵塞导气管。

一般可溶性有机物容易降解产气，而固体有机物首先要经过分解和水解，其降解产气过程较慢，所以固体停留时间（SRT）就显得尤为重要。

B 固体停留时间（SRT）

SRT 是指悬浮固体物质在反应器中被置换的时间。在一个混合均匀的完全混合式反应器里，SRT 与 HRT 相等；而在一个非完全混合反应器里，例如升流式固体反应器（USR），如果能测定反应器内和出水里的悬浮固体的浓度和密度，则其 SRT 可通过以下公式计算出：

$$\mathrm{SRT} = \frac{\mathrm{TSS_r} \times \mathrm{RV} \times D_{\mathrm{r}}}{\mathrm{TSS_e} \times \mathrm{EV} \times D_{\mathrm{e}}}$$

式中 $\mathrm{TSS_r}$——反应器内总悬浮固体的平均质量浓度；

$\mathrm{TSS_e}$——反应器出水总悬浮固体的平均质量浓度；

RV——反应器体积；

EV——每天出水的体积；

D_{r}——反应器内固体物的密度；

D_{e}——出水里的固体物的密度。

从公式可以看出，在非完全混合反应器里 SRT 与 HRT 无直接关系，在反应器内污泥密度与出水里的污泥密度基本相等的情况下，反应器体积溢出水体积不

变时，SRT与反应器内总悬浮固体的平均百分浓度成正比，而与出水里的总悬浮固体的平均百分浓度成反比。按这个公式计算，一个HRT为5天的实验用鸡粪消化器，其SRT长达25天。试验表明，固体有机物的分解率与SRT呈正相关，因此，延长SRT是提高固体有机物消化率的有效措施。对于高悬浮固体有机物的原料，其厌氧消化应设法得到比HRT长得多的SRT。在反应器中，沼气发酵微生物附着于固体物表面而生长，SRT的延长也增加了微生物的停留时间，因此，除附着膜式反应器外，SRT与MRT是难以分开的，所以SRT的延长也同时增加微生物的量，减少了微生物的冲出。这也是在长的SRT条件下固体有机物具有较高分解率的原因之一。

C 微生物停留时间（MRT）

MRT是指从微生物细胞的生成到被置换出反应器的时间。在一定条件下，微生物繁殖一代的时间是基本稳定的，如果MRT小于微生物的世代时间，微生物将会从反应器中被冲洗干净，厌氧消化将被终止。如果微生物的世代时间与MRT相等，微生物的繁殖与被冲出处于平衡状态，则反应器的消化能力难以增长，厌氧消化则难以启动。如果MRT大于微生物的世代时间，则反应器内微生物的数量不断增长。根据Monod方程，反应速率与微生物的浓度呈正比，因此反应器的效率与MRT呈正相关。如果MRT足够长，则老细胞会不断死亡而被分解掉，这样可使微生物的繁殖和死亡处于平衡状态，就不会有多余的微生物被排出。因此，延长MRT不仅可以提高反应器处理有机物的效率，并且可以降低微生物对外加营养物的需求，还可减少污泥的排放，减轻二次污染物的产生。

当处理低浓度有机废水时，为了保证一定的处理能力，工程尚需要在很短的HRT情况下运行，这就必须设法延长MRT来维持厌氧发酵过程的产酸与产甲烷平衡。只有延长MRT才能阻止生长缓慢的产甲烷菌的冲出，增加产甲烷菌在反应器内的积累，保证有机质降解及产甲烷作用的有效进行。

在完全混合式反应器里，MRT与HRT、SRT相等，无法使MRT单独增加，所以完全混合式反应器只适用于高浓度有机废水的处理，靠延长HRT来使MRT延长，因此完全混合式反应器通常在较高的HRT条件下运行，反应器的容积有机负荷难以提高。要想使反应器有比HRT更长的MRT，就必须使HRT与MRT分离，在有机废水经过反应器的同时，使微生物滞留于反应器内，这就产生了UASB和厌氧滤器等HRT与MRT相分离的反应器类型。前者靠污泥的沉降而使微生物滞留，后者靠微生物附着于支持物的表面形成生物膜而滞留，这样就可使MRT大大延长，从而提高反应器的效率，因而使反应器的负荷大幅提高，并使厌氧反应器从最初的只能处理高浓度有机废水而发展到今天也可以用来处理低浓度有机废水。

3.1.2.7 发酵原料的营养结构

从生物学角度来看，沼气发酵过程是一个培养微生物的过程，发酵原料可看

作是培养基，因而必须考虑微生物生长（尤其是产甲烷菌）所需的营养结构，包括碳、氮、磷以及其他微量元素和维生素等营养物质。

沼气发酵适宜的 C/N 比较宽，一般为（20～30）：1，在启动阶段不应大于30：1。废水处理一般以 COD 为标准进行计算，对于基本未酸化的废水，COD_{BD}：N：P 大约取 350：5：1 或 C：N：P＝130：5：1；对于基本上完全酸化的废水，COD_{BD}：N：P 大约取 1000：5：1 或 C：N：P＝330：5：1；对于部分酸化的废水，可在此基础上进行合理推算。所有产甲烷菌均以氨氮（NH_4^+）作为主要氮源，它们利用有机氮的能力很弱，当氮、磷、硫不足时，应考虑加入铵态氮（NH_4HCO_3、NH_4Cl）、磷酸盐和硫酸盐作为补充。

通常采用混合发酵的方式来优化原料的营养结构，表 3-1 整理了部分发酵原料的 C/N 值。

表 3-1　部分发酵原料的 *C/N* 值

原料	C/%	N/%	C/N	原料	C/%	N/%	C/N
餐厨垃圾	50	1.79	28：1	青草	14	0.54	
果蔬垃圾	38	1.63	23：1	鲜羊粪	16	0.55	
干麦秆	46	0.53	87：1	鲜牛粪	7.3	0.29	25：1
干稻草	42	0.63	67：1	鲜猪粪	7.8	0.60	13：1
玉米秸	40	0.75	53：1	鲜马粪	10	0.42	24：1
树叶	41	1.00	41：1	污泥	27	5.4	5.4：1

具体的发酵原料配方如下：

假设发酵原料有 n 种物质，其中第 i 种物质称为 N_i，i=1，2，3，…，n，该物质可以是单一物（如稻秸）也可以是混合物（如城市生活有机垃圾），该物质的干基质量为 X_i，该物质的 C 含量为 C_i，N 含量为 N_i，则总发酵原料的 C_{total}/N_{total}为：

$$\frac{C_{total}}{N_{tatal}} = \frac{X_1C_1 + X_2C_2 + X_3C_3 + \cdots + X_iC_i}{X_1N_1 + X_2N_2 + X_3N_3 + \cdots + X_iN_i}$$

为使厌氧消化性能达到最佳，应使发酵原料的 C/N 比在 25 左右。

如果 $$\frac{C_{total}}{N_{tatal}} = \frac{X_1C_1 + X_2C_2 + X_3C_3 + \cdots + X_iC_i}{X_1N_1 + X_2N_2 + X_3N_3 + \cdots + X_iN_i} = 25 \pm 5$$

则可以直接进料，不需添加其他物质以调节 C/N。

如果 $$\frac{C_{total}}{N_{tatal}} = \frac{X_1C_1 + X_2C_2 + X_3C_3 + \cdots + X_iC_i}{X_1N_1 + X_2N_2 + X_3N_3 + \cdots + X_iN_i} < 20$$

此时应添加富碳原料，如作物秸秆等。将需添加的该物质命名为 N_{i+1}，又已知或是通过测定得到该物质的 C 含量为 C_{i+1}，N 含量为 N_{i+1}，且 C_{i+1}/N_{i+1}>25，将要

添加该物质的干基质量设为 X_{i+1}：为保证总发酵原料的 C_{total}/N_{total} 为：

$$\frac{C_{total}}{N_{tatal}}=\frac{X_1C_1+X_2C_2+X_3C_3+\cdots+X_iC_i+X_{i+1}C_{i+1}}{X_1N_1+X_2N_2+X_3N_3+\cdots+X_iN_i+X_{i+1}N_{i+1}}=25$$

则

$$X_{i+1}=\frac{X_1(25N_1-C_1)+X_2(25N_2-C_2)+X_3(25N_3-C_3)+\cdots+X_i(25N_i-C_i)}{C_{i+1}-25N_{i+1}}$$

如果 $$\frac{C_{total}}{N_{tatal}}=\frac{X_1C_1+X_2C_2+X_3C_3+\cdots+X_iC_i}{X_1N_1+X_2N_2+X_3N_3+\cdots+X_iN_i}>30$$

此时应添加富氮原料，如粪尿和污泥等。相应地，需要添加该物质的干基质量 X_{i+1} 为：

$$X_{i+1}=\frac{X_1(C_1-25N_1)+X_2(C_2-25N_2)+X_3(C_3-25N_3)+\cdots+X_i(C_i-25N_i)}{25N_{i+1}-C_{i+1}}$$

3.1.2.8 搅拌

A 搅拌目的

细胞生化反应是依靠微生物的代谢活动进行的，要求微生物不断接触到新的底物。在间歇进料发酵时，搅拌时是微生物与发酵底物接触的有效手段；在连续进料系统中，特别是高浓度产气量大的原料，在运行过程中由于进料和产气时起泡形成和上升过程所造成的搅拌则构成了底物欲微生物接触的主要动力。在实际工程应用中，间歇进料的沼气发酵占大多数。

在间歇进料的反应器中，发酵液通常自然沉淀而分成四层，如图 3-5 所示，

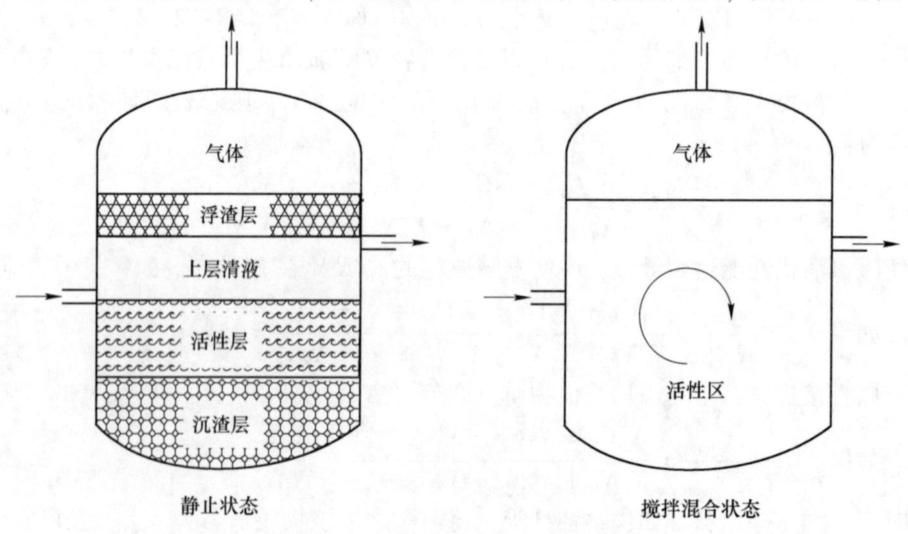

图 3-5 反应器的静止与混合状态

从上到下分别为浮渣层、上清液、活性层、沉渣层。在这种情况下，微生物活动较为旺盛的场所只局限于活性层内，而其他各层，要么因为底物缺乏，要么因为缺乏微生物，使厌氧消化进行缓慢。因此，在这种情况下，大家对采用搅拌措施来促进厌氧消化过程是持一致意见的。认为，对反应器进行搅拌可以使发酵原料与微生物充分接触，保证物料均匀并减小粒径，同时打破分层现象，使活性层扩大到全部发酵液中，减少死区。此外，搅拌还防止形成沉渣和浮渣，保证池体温度均一，促进气体逸出。

B　搅拌频率和强度

目前对搅拌强度与频率，还存在一些不同的观点。目前有试验表明，当搅拌次数由每天 1 次增加到 3 次时，日产气量增加 56%；而由 3 次增加到 6 次时，日产气量仅增加 4%，而其体中的甲烷含量却由 60%减少到 47%。这说明适宜的搅拌可促进沼气发酵，而频繁搅拌则不利。

在搅拌强度方面，强度不同可以产生完全不同的效果。适度搅拌可以促进物料与微生物接触，提高产气能力；但是，剧烈搅拌会破坏微生物群落结构，反而降低产气能力。因为，在沼气发酵系统中，产甲烷菌与产氢产乙酸菌以一种互营联合关系共同存在于一个微生物群落微环境中，这种微环境有利于种间氢转移，使沼气发酵的进行有较高的效率。当剧烈搅拌时，这种微环境遭到破坏，不利于种间氢转移，反而降低沼气发酵效率。

C　搅拌方式

常用的搅拌方法有 3 种：发酵液回流搅拌、沼气循环搅拌和机械搅拌。

（1）发酵液回流搅拌。通过循环泵把池底污泥抽出并从池顶打入，进行循环搅拌。这种搅拌方法使用的设备简单，维修方便，但容易引起短流，搅拌效果较差，一般仅用低浓度的沼气发酵，且只适用规模较小的反应器。从外部用循环泵循环消化液进行搅拌，在一些反应器内设有射流器，由循环泵压送的物料经射流泵射出，在喉管出造成真空，吸进一部分消化液，形成较为强烈的搅拌。根据经验，每立方米有效池体体积搅拌所需的功率约为 0.005kW。

（2）沼气回流搅拌。沼气回流搅拌是将沼气从池内或贮气柜内抽出，通过鼓风机将沼气再压回池内，当其从池中污泥内释放时，由其上升作用造成的抽吸卷带作用带动池内污泥的流动。它的主要优点是池内液位变化对搅拌功能的影响很小；故障少，搅拌力度大，作用范围广。国外一些大型污水处理厂污泥消化广泛采用这种搅拌方式。所需的功率约为 0.005~0.008kW/m^3。该搅拌方式仍然只适用于低浓度沼气发酵。

（3）机械搅拌。通过在反应器内设置机械搅拌器进行搅拌，当电机带动螺旋桨旋转时，带动反应器内的物料进行流动混合。机械搅拌的优点是作用半径大，搅拌效果好，对于高浓度沼气发酵，只能采用机械搅拌，机械搅拌的功率至

少为 0.0065kW/m^3。机械搅拌的投资及耗能较大，并且容易出现故障，搅拌轴与反应器顶盖接触处必须有气密性设施。最近几年国内建设的部分大型沼气工程采用机械搅拌的高浓度（TS=9%~12%）沼气发酵，采用进口搅拌设备，大大减少了故障率。进行机械搅拌时，进料固体浓度不应超过 15%，一般在 12%以下，否则容易损坏搅拌设备。

3.1.3 厌氧消化抑制

对于沼气发酵，主要的抑制物为挥发性脂肪酸、氨氮、长链脂肪酸、硫化氢、无机盐、重金属、抗生素、饲料添加剂以及其他有毒化学物。

3.1.3.1 挥发性脂肪酸和氨氮

挥发性脂肪酸（VFA）是有机质水解酸化的产物，同时也是产甲烷的底物，但长期处于高浓度的 VFA 会造成"酸中毒"抑制产甲烷；氨氮是含氮原料（如氨基酸、蛋白质和尿素）在降解过程中形成的，另外某些工业废水本身也含有较高的氨氮，高浓度氨氮会造成"氨中毒"抑制产甲烷，这两种抑制物是在沼气发酵中最为常见的。VFA 和氨氮在发酵液中以离子态和游离态两种形式并存，但是起抑制作用的主要是游离 VFA 和游离氨，因为游离 VFAs 和游离氨具有细胞膜自由渗透性，通过被动扩散进入细胞，引起细胞质酸化、质子不平衡以及钾的流失等，从而丧失细胞功能。游离 VFAs 和游离氨浓度通过以下两式与 pH 值有着密切联系：

$$[HA] = \frac{C_T[H^+]}{K_A + [H^+]};$$

$$[NH_3] = \frac{K_B C_{Total}}{K_B + [H^+]}$$

$[HA]$ 和 $[NH_3]$ 分别为游离 VFA 和游离氨浓度（mol/L），C_T和 C_{Total}分别为总 VFA 和总氨浓度（mol/L），$[H^+]$ 为氢离子浓度（mol/L），K_A和 K_B为 VFAs 和氨的离解平衡常数，温度为 298K 时的 pK_A和 pK_B分别为 4.8 和 9.25。温度对 pK_A的影响不大，而温度对 pK_B的影响很大，温度越高，游离氨占总氨的比例越大。

游离 VFA 对水解产酸菌的抑制浓度约为 2400mg/L；而对产甲烷菌的抑制浓度约为 50mg/L。游离氨的抑制主要针对产甲烷菌，尤其是乙酸营养型产甲烷菌，对氢营养型产甲烷菌和产酸菌的抑制作用不明显。游离氨对未经驯化的产甲烷菌活性 50%的抑制浓度（IC_{50}）为 50mg/L。图 3-6 所示为厌氧发酵产甲烷抑制区域图。

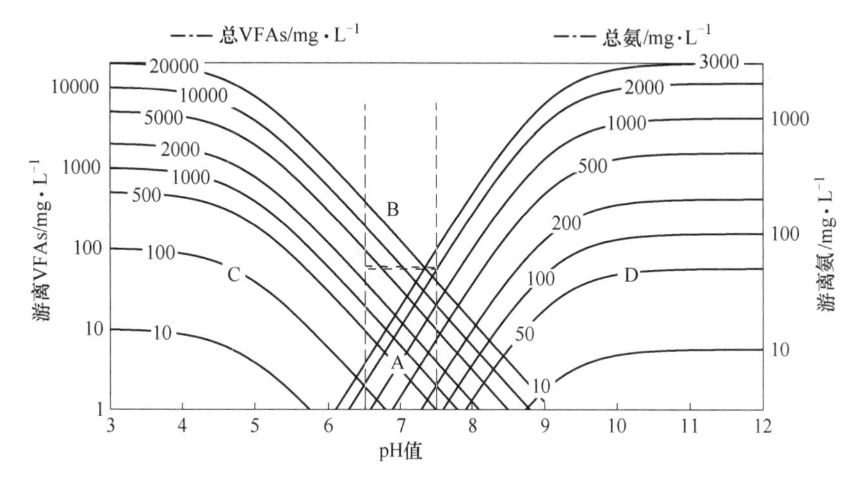

图 3-6 厌氧发酵产甲烷抑制区域图

A—产甲烷区域；B—抑制型稳态；C—挥发性脂肪酸抑制；D—氨氮抑制

对于氮含量较高且容易降解的原料，水解酸化过程会同时产生大量的氨和VFA，它们和 pH 值之间相互作用最终形成一个“抑制型稳态”，此时观察 pH 值为中性，处于产甲烷适宜的 pH 值范围内，但实际上几乎无甲烷产生，原因在于总氨和总 VFAs 浓度较高，即使 pH 值处于中性范围，但相应的游离氨和游离VFA 浓度已经高于抑制水平。

VFA 在较低 pH 值下对产甲烷菌的毒性是可逆的。在 pH 值为 5 时，甲烷菌在含 VFA 的废水中停留长达两月仍可存活。但一般讲，其产甲烷火星要在 pH 值恢复正常后几天到几个星期才能够恢复。如果在低 pH 值条件仅维持 12 小时以下，产甲烷活性可在 pH 值调节后立刻恢复。氨对产甲烷的抑制是可逆和可驯化的，当游离氨稀释到一定程度后产甲烷活性即可恢复；另外，可以通过驯化以提高产甲烷菌对游离氨的耐受浓度。

3.1.3.2 长链脂肪酸

对于脂类及长链脂肪酸（LCFA）含量较高的沼气发酵原料，其厌氧消化容易受到长链脂肪酸的抑制。由于 LCFA 与厌氧菌的细胞壁很相似，LCFA 通过吸附到细胞壁或细胞膜上，影响细胞膜的传输功能，对厌氧菌形成强烈的抑制，甚至破坏菌体细胞膜的结构直至接杀死厌氧微生物，因此，受 LCFA 抑制的产甲烷活性短期内不能恢复，更不会产生对 LCFA 的适应性，其毒性比 VFA 更为严重。另外，LCFAs 吸附到微生物上形成颗粒污泥薄层并上浮或洗出，使得微生物不能良好地与底物接触，从而影响原料的降解。

表 3-2 列出了不同的 LCFAs 对来源于上流式厌氧污泥床（UASB）和膨胀颗粒污泥床（EGSB）厌氧颗粒污泥的最大比产甲烷活性产生 50% 抑制的浓度

(IC_{50})。其中庚酸、癸酸和油酸的毒性较大。

表 3-2 不同 LCFAs 对 UASB 和 EGSB 反应器中厌氧颗粒污泥的 IC50 值

LCFAs	UASB 颗粒污泥	EGSB 颗粒污泥	LCFAs	UASB 颗粒污泥	EGSB 颗粒污泥
庚酸（C7：0）	3.9	7.1	月桂酸（C12：0）	4.6	6.7
壬酸（C9：0）	5.8	10.5	十四烷酸（C14：0）	8.8	11.8
辛酸（C8：0）	5.6	9.3	油酸（C18：1）	3.9	6.5
癸酸（C10：0）	1.9	7.2			

3.1.3.3 无机硫化物

许多畜禽场粪便污水中含有硫酸盐或亚硫酸盐，在厌氧消化过程中，这些物质会被硫酸盐还原菌还原为硫化氢。硫酸盐本身相对无毒，但还原为硫化氢就具有毒性。同样，硫化氢的毒性由游离态硫化氢引起，其毒性受 pH 值影响较大，pH 值在 7 以下时，游离硫化氢的浓度较大，pH 值在 7~8 范围内，随 pH 值升高，游离硫化氢浓度急剧下降。游离硫化氢对颗粒状厌氧活性污泥的 IC_{50} 大约为 250mg/L。相比之下，亚硫酸盐比硫化氢的毒性更大，因此亚硫酸盐还原为硫化氢可减少硫的毒性。

3.1.3.4 无机盐和重金属

适量的无机盐和重金属浓度能够促进产甲烷，因为这些物质是微生物代谢酶的组成部分，但是过高的无机盐和重金属浓度则会抑制产甲烷，因为他们能够与细胞蛋白质或酶结合使其变性，从而抑制酶或造成细胞死亡。表 3-3 列举了部分无机盐和重金属离子对沼气发酵的影响。

表 3-3 沼气发酵中无机盐和重金属离子的抑制浓度

抑制物		中等抑制浓度/mg · L^{-1}	抑制物		中等抑制浓度/mg · L^{-1}
无机盐	Na^+	3500~5500	重金属	Cr^{3+}	450
	K^+	2500~4500		Cr^{6+}	530
	Ca^{2+}	2500~4500		Ni^{2+}	250
	Mg^{2+}	1000~1500		Hg^{2+}	1748
	Al^{3+}	1000		Hg^+	764
重金属	Zn^{2+}	160	阴离子	SO_4^{2-}	500~1000
	Fe^{3+}	1750		Cl^-	5000~10000
	Cd^{2+}	180		NO^{3-}	100
	Cu^{2+}	170		NO^{2-}	100
	Cr^{2+}	100		CN^-	100

3.1.3.5 有机化合物和抗生素

某些有机化合物也会对沼气发酵构成抑制，例如有机氯化物、苯系物、甲醛和洗涤剂；另外，抗生素和饲料添加剂也会抑制沼气发酵，例如莫能菌素（monensin）、枯草杆菌素、氯霉素、土霉素等都会抑制厌氧消化，这类物质在畜禽场大量使用来预防疾病或消毒。部分有机化合物和抗生素对产甲烷菌的抑制浓度见表 3-4。

表 3-4 部分有机化合物和抗生素对产甲烷菌的 50%抑制浓度

化合物	IC50/mg·L^{-1}		化合物	IC50/mg·L^{-1}	
	菌种未经驯化	菌种已驯化		菌种未经驯化	菌种已驯化
氯仿	0.5	45	苯酚	1000	—
氯代丙烷	8.0	—	非离子型洗涤剂	50	—
氯代丙二醇	657	—	离子型洗涤剂	20	—
五氯仿	1.0	>5.0	莫能菌素	0.5	>100
甲醛	100	400	土霉素	250	500
氰化物	1.0	25	青霉素	—	5000
苯	40	—	链霉素	—	5000
甲苯	500		卡那霉素	—	5000
乙基苯	340	—	单宁	300~2000	

3.1.4 产气潜力评价

3.1.4.1 发酵原料有机质含量

为了准确而有效地评价和计量发酵原料中的有机质含量，常用以下方法对原料进行评价和计量。

A 总固体（TS）

总固体（TS），又称为干物质（DM）。将一定原料在 103~105℃ 的烘箱内，烘至恒重，就是总固体，它包括可溶性固体和不溶性固体，因而成为总固体。固体原料的总固体含量用百分含量表示，计算方法如下：

$$TS = \frac{W_2}{W_1} \times 100\% \ (\%)$$

式中 W_1——烘干前样品质量，g；

W_2——烘干后样品质量，g。

液体样品中的总固体含量，也可以用mg/L或g/L表示，计算方法如下：

$$TS = \frac{W}{V} \text{（mg/L）}$$

式中 W——烘干后样品质量，mg或g；

V——烘干前样品体积，L。

B 悬浮固体（SS）

悬浮固体是指水样经离心或过滤后得到的悬浮物经蒸发后所得的固体物。将水样用事先恒重好的定量滤纸过滤，再将滤渣与定量滤纸在103~105℃的烘箱内烘至恒重，称重后即可得到样品中悬浮固体含量。计算方法如下：

$$SS = \frac{W - W_0}{V} \text{（mg/L）}$$

式中 W——过滤烘干后样品总质量，mg；

W_0——滤纸质量，mg；

V——烘干前样品体积，L。

C 挥发性固体（VS）和挥发性悬浮固体（VSS）

挥发性固体（VS）或挥发性悬浮固体（VSS）是指总固体（TS）或悬浮固体（SS）中的有机组分。将得到的TS或SS进一步放入马弗炉中，在550℃下灼烧2小时。在上述条件下，有机物全部分解挥发，剩余部分为灰分（Ash），主要是无机盐或矿物质等。VS常用百分含量来表示，计算方法为：

$$VS = \frac{TS - Ash}{TS} \times 100\% \text{（\%）}$$

VSS通常用来表示水中生物有机体的量，即活性污泥中微生物的量，一般用mg/L，计算方法为：

$$VSS = \frac{W_2 - W_3}{V} \text{（mg/L）}$$

式中 W_2——蒸发皿和悬浮固体灼烧前质量，mg；

W_3——蒸发皿和悬浮固体灼烧后质量，mg；

V——烘干前水样体积，L。

对于来源和成分复杂的生活垃圾，VS是衡量有机质含量的指标，从分析测试方法来看，它是指能够在550℃条件下燃烧挥发掉的那部分，不仅包括了易生物降解部分（Biodegradable Volatile Solid，BVS），例如，糖、淀粉、有机酸、纤维素、脂肪和蛋白质等物质，包括含难生物降解部分（Refractory Volatile Solid，RVS），例如木质素和塑料。对于厌氧发酵来讲，仅有BVS能有效地评估垃圾的生物降解能力、产气能力、有机负荷和碳氮比（C/N），显然，具有高VS低RVS

含量的垃圾比较适合厌氧发酵处理，具有高 VS 高 RVS 含量的垃圾适合热化学方法处理，而具有低 VS 含量的垃圾适合填埋处理。

D　化学需氧量（COD）

化学需氧量（COD）是指在一定条件下，样品中的有机物与强氧化剂重铬酸钾作用时所消耗的氧的量，在该条件下，有机物几乎全部被氧化，这时所消耗的氧的量即为化学需氧量（Chemical Oxygen Demand，COD），其单位为 mg/L。化学需氧量较为准确地反映样品中有机物的含量，因此成为评价进水（进料）的最重要指标之一。

其测定原理是用强氧化剂（我国标准为重铬酸钾），在酸性条件下，将有机物氧化，过量的重铬酸钾以试亚铁灵（邻菲咯啉）为指示剂，用硫酸亚铁氨回滴，根据所用硫酸亚铁氨的量可计算出水中有机物消耗氧的量，计算公式为：

$$COD = \frac{(V_0 - V_1) \times N \times 8 \times 1000}{V_2} \ (\mathrm{mg/L})$$

式中　N——硫酸亚铁氨标准溶液摩尔浓度，mol/L；

V_0——空白样消耗的硫酸亚铁氨标准液体积，mL；

V_1—样品消耗的硫酸亚铁氨标准液体积，mL；

V_2——样品体积，mL；

8——1/4 摩尔 O_2 的质量（$Fe^{2+} \rightarrow Fe^{3+}$耗 1/4 摩尔的 O_2）

E　生化需氧量（BOD）

生化需氧量（Biochemical Oxygen Demand，BOD）是有氧条件下，由于微生物的活动，将水中的有机物氧化分解所消耗的氧的量。生化需氧量代表了可生物降解的有机物的数量。通常在 20℃温度下，经 5 天培养所消耗的溶解氧的量，用 BOD_5表示。

COD 和 BOD 是目前国际上普遍采用的用来间接表示水中有机物浓度的指标，它们都是利用氧化有机物的原理来对水中有机物含量进行测定。一般同一水样的 BOD_5与 COD 的比值，可以反映水中有机物易被微生物降解的程度。用 BOD_5/COD 来初步评价有机物的可生化降解性，见表 3-5。对于悬浮固体状有机物，在测定 COD 时容易被氧化，而在测 BOD 时因其物理形态限制，数值较低，导致 BOD_5/COD 值较小。实际上有机悬浮固体颗粒可通过生物吸附、分解作用去除相当一部分。

表 3-5　BOD_5/COD 值与可生化降解性

BOD_5/COD	>0.4	0.4~0.3	0.3~0.2	<0.2
生物分解速率	较快	一般	较慢	很慢
可生化降解性	较好	可降解	较难	不宜生物降解

3.1.4.2 发酵原料产气能力计算

A　COD理论计算法

COD理论计算方法，主要针对容易测定COD的液体原料，包括溶解性废水和含悬浮固体的废水。理论的COD可根据化学方程式求得，如葡萄糖的理论需氧量可按如下方法计算：

$$C_6H_{12}O_6+6O_2 \longrightarrow 6CO_2+6H_2O$$

$$\begin{matrix} 180 & 32\times6 \\ 1g & x \end{matrix}$$

x =1.067g，即1g葡萄糖的理论化学需氧量为1.067g。

同样，1g COD经厌氧消化后产生的甲烷量也可以通过理论计算出（以葡萄糖为例）：

$$C_6H_{12}O_6 \rightarrow 3CO_2+3CH_4$$

由上述方程可以看出，1mol葡萄糖经厌氧发酵（假设全部转化为沼气，无细胞物质生成）可产生3mol的甲烷，所以1g COD的理论产甲烷量为（3×22.4）/192 = 0.35 L，即1kg COD可产甲烷0.35m³。如果沼气中甲烷含量为60%计算，则每千克COD的沼气产量为0.583m³，而实际产量仅为0.45~0.5m³。

B　Buswell方程理论计算

Buswell方程理论计算，也可以理解为按VS进行理论计算。该方法主要针对固体原料，通过原料的VS含量测定和元素含量（C、H、O和N）分析，利用Buswell提出的有机物$C_nH_aO_bN_c$厌氧发酵产甲烷、二氧化碳、氨的反应式进行理论计算。

$$C_nH_aO_bN_c+\left(n-\frac{a}{4}-\frac{b}{2}+\frac{3c}{4}\right)H_2O \longrightarrow$$

$$\left(\frac{n}{2}+\frac{a}{8}-\frac{b}{4}-\frac{3c}{8}\right)CH_4+\left(\frac{n}{2}-\frac{a}{8}+\frac{b}{4}+\frac{3c}{8}\right)CO_2+c\cdot NH_3$$

通过下式可计算出每kg原料（以VS计算）在标准条件下的理论产CH_4和产CO_2量。表3-6为本实验室测得的部分原料的元素分析结果及相应的理论产甲烷量。

$$Y_{CH_4}(\text{L/kg, VS})=\frac{1000\times22.4\times(\frac{n}{2}+\frac{a}{8}-\frac{b}{4}-\frac{3c}{8})}{12n+a+16b+14c}$$

$$Y_{CO_2}(\text{L/kg, VS})=\frac{1000\times22.4\times(\frac{n}{2}-\frac{a}{8}+\frac{b}{4}+\frac{3c}{8})}{12n+a+16b+14c}$$

表 3-6 餐厨垃圾典型组分理论产甲烷能力

原 料	VS /% (TS)	C/% (TS)	H/% (TS)	O/% (TS)	N/% (TS)	理论产 CH_4 量 $L(CH_4)/kg(VS)$
葡萄糖	100	40.0	6.7	53.3	0.0	373
猪油	100	78.2	10.0	9.0	0.007	960
花生油	100	76.4	7.9	12.9	0.009	879
瘦肉	94.9	50.97	6.103	23.036	13.11	560
大米	99.6	42.63	5.744	50.061	0.893	373
生菜	84.6	42.12	4.841	33.66	3.260	452
纸巾	99.6	41.36	6.155	51.935	0.013	359
厨余垃圾	92.6	48.03	6.172	36.598	1.513	511

C 沼气产量实验测定

实验测定出的沼气产量也称为生化产气能力。生化产气能力指在无抑制存在的情况下保证足够长的厌氧发酵时间使得原料中可生物降解部分全部被降解并转化为沼气的量。通常，高温（55℃）条件下的发酵时间为 50 天，中温（35℃）条件下的发酵时间为 100 天，当然，无论高温还是中温其实验结束依据就是产气停止。但要注意接种用的厌氧活性污泥要用孔径为 1~2mm 的筛网去除粗大的颗粒残渣，且污泥为不再产气的发酵液为好，以免影响实验结果。最好是设置一组不加发酵原料的空白对照来测定接种物本身的产气量，通过扣除接种物本身的产气量即为原料的实际产气量。每个样品应设置 3 组重复实验。

3.1.4.3 生活有机垃圾厌氧消化工艺

不同的垃圾来源和成分特点，决定了不同的厌氧消化工艺。目前，针对有机垃圾的厌氧消化工艺分类，主要分为湿式厌氧消化和干发酵。反应器内干物质含量高于 20%的定义为干发酵；湿式厌氧发酵反应器内的干物质含量低于 15%。湿法工艺对有机垃圾除杂预处理要求较高，干法工艺对有机垃圾预处理要求相对较低。在干湿划分的基础上，又细分为单段式和两段式。

3.1.5 单段湿式厌氧消化

单段湿式厌氧消化工艺简单，采用的反应器主要是 CSTR，以一定的速率进出料，根据不同的原料类型和消化温度，停留时间一般为 14~28 天。典型的工艺为芬兰/瑞典 Wassa 工艺、德国 Linde 工艺、德国 EcoTec 工艺等。Wassa 工艺的 TS 为 10%~15%，中温消化停留时间为 20 天，高温消化停留时间为 10 天。机械分选有机垃圾的有机负荷为 9.7kg/(m^3 · d)(VS)，而源头分选有机垃圾的有机负荷为6kg/(m^3·d)(VS)，产甲烷率为170~320m^3/t(VS)，VS去除率40%~75%。

3.1.5.1 两段湿式厌氧消化

两段厌氧消化通常将水解产酸和产甲烷分别在两个反应器中进行。典型工艺为荷兰Pacques工艺、德国的BTA和Biocomp工艺。Pacques是中温工艺，主要处理水果蔬菜垃圾和源头分类有机垃圾。水解反应器TS为10%，采用气流搅拌，消化物经过脱水，液体部分进入到UASB产甲烷，固体的一部分加到水解反应器中作为接种物，剩下部分用于堆肥。BTA工艺的TS含量要求为10%左右，中温厌氧消化。产甲烷反应器采用附着式生物膜反应器，保证足够的微生物停留时间。为了防止附着式生物膜反应器的堵塞，仅有液体部分进入到产甲烷反应器。同时，为了维持水解反应器的pH值在6~7之间，产甲烷反应器中消化后的液体又循环回水解反应器。Biocmp工艺是堆肥、厌氧发酵的结合。垃圾先经过滚动筛，再用手选来去除无机物，用磁选去除废铁。分离出粗垃圾去堆肥，细垃圾去厌氧发酵罐。细的有机物质经过破碎机破碎后，加水稀释至含固率为10%，进入一级CSTR中温厌氧发酵反应器，停留时间14d，随后进入二级高温（55℃）上流式厌氧发酵反应器，水力停留时间14d。

3.1.5.2 单段连续式干发酵

典型工艺为比利时Dranco工艺、瑞士Kompogas工艺、Valorga工艺和德国Linde干发酵工艺（见图3-7）。Dranco工艺，原料从反应器顶部进入，从底部出料，反应器中一般没有搅拌，垃圾以栓塞流方式垂直移动，一部分消化物作为接种剂再进入到新鲜垃圾中。该工艺进料固体浓度15%~40%，负荷10kg/(m^3·d)（COD），温度50~58℃，消化时间15~20天，每吨垃圾生物气产量100~200m^3。Kompogas工艺，垃圾在圆柱形反应器中栓塞流水平移动。处理对象主要是厨余垃圾和庭院垃圾，维持TS在30%~45%，粒径小于40mm，消化温度54℃，消化时间15~18天。Valorga的反应器设计独特，为垂直圆柱形，内有一垂直的板将反应器隔开，垃圾从反应器底部的进料口进入，产生的一部分生物气每隔15分钟就通过管网从反应器底部以高压注入，从而起到气体搅拌作用。该工艺要求TS为25%~35%，停留时间14~28天。Linde干发酵工艺特别适合处理混合收集垃圾，生活垃圾经过分选后，送入机械生物处理系统（MBT），经过机械处理后进行厌氧消化。消化产物经脱水后将进行好氧堆肥处理。

3.1.5.3 两段连续式干发酵

典型的两段连续式干发酵工艺为德国维尔利公司的Biopercolat工艺和德国GICON工艺，它们与Pacques工艺相似，但水解是在较高TS含量以及微好氧条

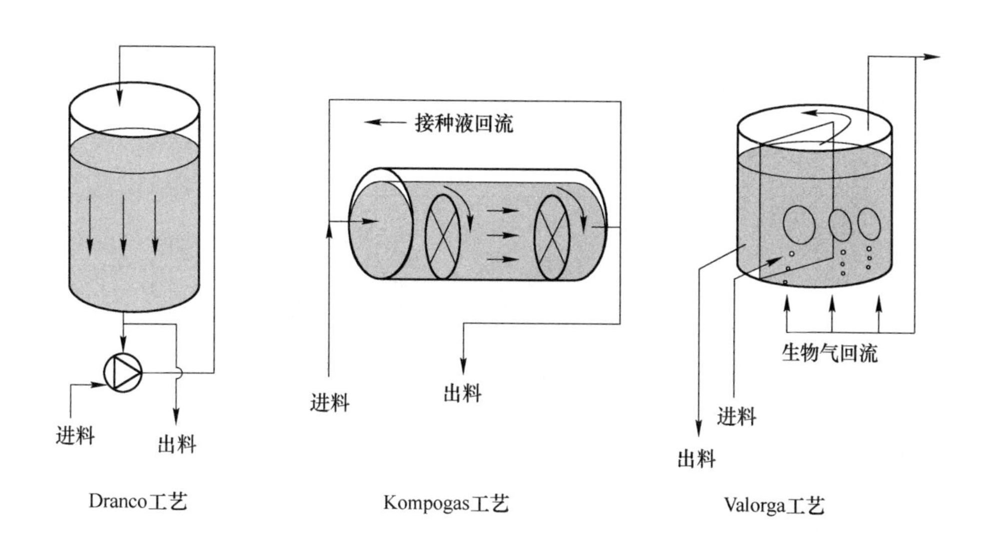

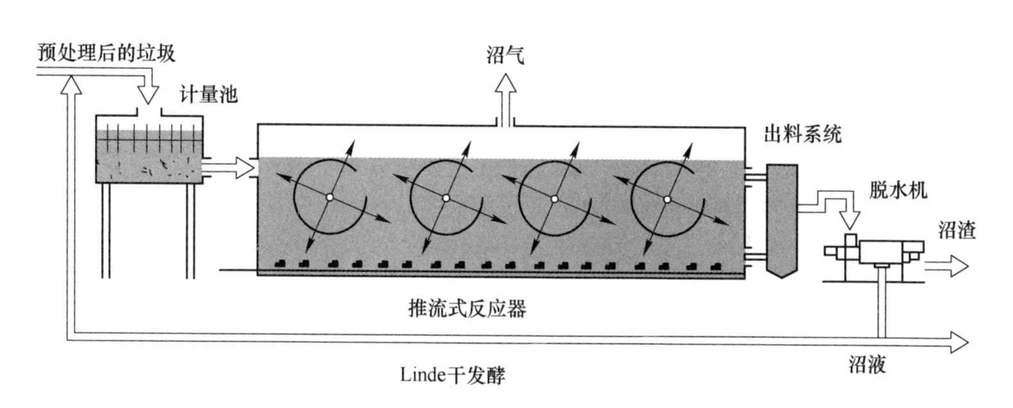

图 3-7 不同的单段连续式干发酵系统示意图

件下完成，微好氧水解反应器以及附着式生物膜产甲烷反应器可以将消化时间缩短为 7 天。与单段湿式系统相比，两段系统具有较高的 OLR。比如 BTA 工艺和 Biopercolat 工艺的 OLR 分别为 10kg/(m^3 · d) (VS) 和 15kg/(m^3 · d) (VS)，这主要由于附着式生物膜能够提高微生物停留时间，增强了产甲烷菌对高浓度氨的耐受作用，提高生物稳定性。

3.1.5.4 非连续式干发酵

其他干发酵工艺包括批式和半连续等非连续干发酵工艺。例如德国 Bekon 车库式工艺（见图 3-8）、德国 3A 工艺和荷兰 Biocel 工艺。Biocel 工艺处理源头分类收集有机垃圾，反应器内垃圾 TS 含率 30%~40%，消化温度 35~40℃，固体停留时间超过 40 天，直到停止产气。3A 工艺指在一个发酵仓中先后完成好氧（aerobic）—厌氧（anaerobic）—好氧（aerobic）发酵，前期好氧发酵实现原料的无害化，中期厌氧发酵产沼气，后期好氧发酵直接生成干的有机肥。

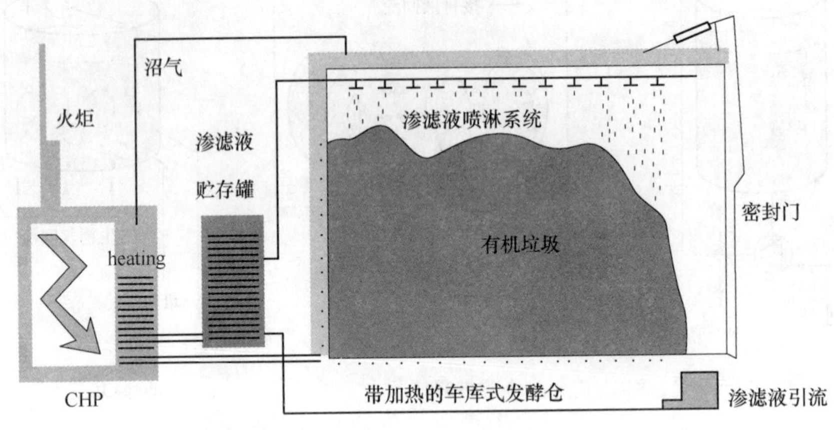

图 3-8　车库式干发酵工艺图

3.1.6　厌氧消化失稳预警指标

3.1.6.1　环境因子

A　pH 值

在厌氧消化过程中，大多数的产甲烷菌生长最适 pH 环境为中性，不同的产甲烷菌适宜的 pH 值范围不同，但一般变化范围在 6.4~7.8。当 pH 值的区间超过菌群生长的正常范围时，整个消化系统会由于氢离子的干扰而受到抑制。一般情况下，在正常运行的反应系统中，pH 值接近中性，当 pH 值低于 5.5 时，沼气发酵会完全停止。影响 pH 值的因素主要包括碳酸氢盐以及挥发性脂肪酸。

在缓冲能力较低的发酵体系中，挥发性脂肪酸的累积会迅速降低 pH 值，因此，可以作为有效指标，但对于缓冲能力较强的发酵体系，由于挥发性脂肪酸累积导致 pH 值的变化较慢较，比如在高氨氮浓度的体系中，当体系达到严重失稳状态时，pH 值的变化仍然保持稳定。因此，pH 值的预警性具有滞后性，不适合单独作为系统失稳预警的指标。

B　碱度

挥发性脂肪酸发生积累时，碱度或者缓冲能力相对于 pH 值来说可以起到更好的指示作用。这是由于高浓度的挥发性脂肪酸直接消耗碱度，而这一过程并不会引起 pH 值的剧烈变化。然而，不同的碱度类型指示效果也不同。

由于挥发性脂肪酸与碳酸氢盐结合会形成稳定的总碱度（TA）水平，因此总碱度的指示性不敏感。碳酸氢盐碱度（BA）与 VFA 的累积有相关性，然而，

当发酵系统中氨浓度过高，导致系统碱度增加时，这种关系就不明显了。Mata-Alvarzez 研究表明，当 TA 浓度达到 1.5g $CaCO_3$/L 时，消化系统是稳定运行的。当然，也有一些报道表明在高碱度的条件下，系统也会出现失稳现象。

3.1.6.2 中间代谢产物

A 挥发性脂肪酸（VFA）

挥发性脂肪酸是厌氧代谢过程的重要中间产物，长期以来，挥发性脂肪酸的浓度被作为有效控制厌氧消化系统的重要参数之一。究其原因，挥发性脂肪酸浓度在系统失稳条件下，反映了酸生成和消耗的解偶联作用，它们的积累会直接导致 pH 值的降低，最后将会导致反应系统的崩溃，许多学者认为独立挥发酸的浓度与体系的稳定性有一定的相关性。

目前对 VFA 的产甲烷抑制阀值大相径庭，有的以 10^3mg/L 为数量级，有的以 10^4mg/L 为数量级。实际上，VFA 对产甲烷的抑制是由游离 VFA 引起的。游离 VFAs 的浓度与 pH 值有密切联系，而系统内 pH 值又与碱性物质（氨）有关，碱性物质与原料中的蛋白质含量有关；而且，产甲烷菌对 VFA 的耐受能力是可以通过驯化提高的。综上所述，VFA 的抑制阀值与原料成分、接种物是否驯化、pH 值等都有关系，因此无法作为衡量沼气发酵系统是否酸化的通用指标。

乙酸是有机废物厌氧消化产沼气过程中的重要产物，是直接转化为甲烷的重要前体。当抑制因子超过了其临界浓度，产甲烷菌会最先受到抑制。这就会导致乙酸的积累，氢分压的增大，最终导致甲烷浓度的减少。Hill 等人研究表明乙酸浓度水平超过 800mg/L 或丙酸/乙酸大于 1.4 时，证明系统即将失稳。当乙酸水平达到 13mm 时，系统失稳。此外，乙酸的浓度对丙酸降解有一定的抑制作用，当乙酸浓度超过 1400mg/L，丙酸降解率下降，最终由于丙酸的积累，导致整个系统的失稳。

丙酸对于厌氧消化系统的稳定性起着至关重要的作用。丙酸主要通过甲基丙二酰 CoA 氧化途径分解，主要生成乙酸、二氧化碳和氢气或者直接生成乙酸和甲酸。许多研究表明，挥发性脂肪酸的转化成甲烷的效率不同，一般乙酸的效率最高，其次是丁酸，最后是丙酸。因此，许多研究报道丙酸的积累会抑制产甲烷菌群的活性，最终导致发酵系统的失败。Barredo 和 Evison 等人指出产甲烷菌活性的下降是由于丙酸的过多积累。Yeole 等人发现当 pH 值为 7，丙酸浓度达到 5000mg/L 时，甲烷产量降低 22%~38%，同时证明当 pH 值下降时，抑制会变得更强烈。Demirel 和 Yenigun 等人研究表明，丙酸浓度达到 951mg/L 时，将会对产甲烷菌的生长产生抑制，当加入丙酸时，抑制会更强。Wang 等人在挥发酸正交试验中发现，当丙酸浓度增加到 900mg/L 时，开始出现抑制，同时细菌浓度从 6×10^7CFU/L 降低至 6×10^7CFU/L，菌群的活性出现不可逆的下降。Fischer 等人在研究以酒糟废液，市政废水以及餐厨垃圾作为厌氧发酵原料的过程中发现，从发酵开始至系统失稳，丙酸浓度持续升高。Marchaim 等人研究表明丙酸与乙酸比值可以作为系统失稳的预警指标。同时，Hill 等人研究表明丙酸/乙酸大于 1.4 时，证明系统即将失稳。然而，Pratap 等人研究发现当丙酸浓度达到 2750mg/L 时，抑制仍未出现。因此，丙酸作为预警指标还需要一定的研究来证明。

正丁酸是碳水化合物、蛋白质和脂类降解的中间产物，而异丁酸主要来自于缬氨酸的降解。在厌氧发酵过程中，正丁酸和异丁酸都可以完全转化为甲烷和二氧化碳。正丁酸通过 β-氧化途径降解，而异丁酸不能通过 β-氧化途径直接降解，而是利用硫酸盐还原菌 Desulfocoffus multivorans 通过丙酰-CoA 途径降解。同时，正丁酸与异丁酸之间存在互变现象。在稳定运行的厌氧发酵系统中，丁酸的两种异构体形式浓度都很低，但当系统受到抑制时，丁酸的浓度迅速升高。Ahring 等人提出正丁酸和异丁酸二者的浓度对于早期预警系统失稳有着重要意义。Hill 和 Holmbert 等人也提出异构酸可以作为预警失稳的重要指标。

正戊酸可能来源于脂类物质及蛋白质的分解，而异戊酸主要来源于蛋白质的分解，同时也可以由乳酸转化得到。正戊酸的降解主要通过 β-氧化途径实现，生成乙酸或者乙酸和丙酸，然而，异戊酸主要通过与二氧化碳的结合，生成乙酸和氢气。正戊酸及异戊酸之间的异构化作用不明显，这是由于正戊酸的羧基基团不会转移到旁边的碳原子上，因此，不能形成异戊酸。Hill 和 Holmberg 研究表明，异丁酸或异戊酸浓度低于 0.06mm 时，系统可以稳定运行；当浓度达到 0.06～0.17mm 之间时，证明系统即将失稳。究其机理，正戊酸的降解并不慢，但由于其降解产物丙酸的影响从而受到抑制，但作为预警指标，正戊酸和异戊酸还有待进一步研究。

B 氢气

在厌氧发酵过程中，氢气是一种重要的中间产物同时也是传递电子的载体。氢气的浓度会直接影响热力学过程及厌氧消化的途径。理论上来说，发酵过程的失稳是由于氢失衡造成的，即产氢的速率远大于产甲烷菌消耗氢的速率。当氢分压超过 0.1mbar 时，产酸菌会由于丙酸的积累而受到抑制，同时，丙酸会进一步抑制产甲烷菌。最终，会导致体系水解过程及酸化过程受到抑制，挥发性脂肪酸大量积累，体系奔溃。因此，氢气也被作为过程失稳的早期预警指标。然而，当氢气产生于液相中时，氢气的灵敏性就会受限于气液传质速率。Pauss 等人发现溶解氢与丙酸浓度有较好的相关性。因此，溶解氢被作为预警指标使用。

氢气的灵敏度受到很多因素的影响，如对于易降解的底物，氢够过载迅速作出响应，但对于难降解的底物，则不灵敏，这是因为难降解的原料，底物水解是限速步骤，受到水解的影响，氢的增加一般体系失稳后较长时间后才发现。氢气与挥发性脂肪酸相比，预警性较弱。究其原因，由于氢的大量产生主要发生在水

解阶段，而且产生的氢可以被很多微生物（如氢型甲烷菌）直接利用，如Archer发现在挥发性脂肪酸没有形成积累时，氢对过载反映较快，同时很快会恢复到正常水平，因此无法真实反映挥发性脂肪酸的利用情况；挥发性脂肪酸，如丙酸、丁酸、异戊酸等不能直接被甲烷菌利用，它们的累积可以说明系统的过载。Switzenbaum和Guwy等人认为氢浓度的变化只是短期的，与其他的指标及体系的性能没有相关性。因此，氢不适合单独作为预警指标，但其与其他指标之间形成的耦合指标可以考虑作为预警指标，如氢气与碱度，氢气与一氧化碳，氢气，pH值与产气量等。因此，氢浓度还未被证实是否可以作为厌氧消化过程受抑制的可靠指示物。

3.1.6.3 最终代谢产物

A 产气量

在厌氧发酵过程中，产气量通常作为一个常规指标来评估系统的整体性能。然而，产气量或产气速率与原料的成分，水力停留时间及有机负荷等因素有关，当这些因素发生变化时，产气量或产气速率也会发生相应的变化。此外，产气量相对于其他指标参数对超负荷敏感性较差。当整个系统已经受到严重抑制或已经崩溃时，产气量或者产气速率才会出现降低。因此，产气量的预警性具有一定的滞后性，不适合作为系统失稳的预警指标。

B 气体成分

沼气发酵过程中主要产生两种气体，即甲烷和和二氧化碳。有研究报道，当有效甲烷转化率达到75%以上，系统稳定运行，当降低至70%以下，消化系统出现失衡现象。Chynoweth等人在运行以葡萄糖为原料的CSTR反应系统时，利用甲烷含量百分比作为在线监测的指标。然而，Ahring等人研究发现甲烷产率不仅与体系状态有关，而且与反应器的负荷有关，同时，甲烷产量可以在过程失稳中发生变化，但变化相对较小。此外，他们认为甲烷产量单独作为预警指标是不妥的，因为当挥发性脂肪酸的累积持续发生时，甲烷产量会恢复。产气量作为指标也是在体系失稳之后才会有明显的变化。有研究学者提出甲烷与二氧化碳比值可以作为预警指标，当反应器稳定运行时，比值相对稳定，当体系失稳时，比值会发生变化。然而，甲烷比例会受到多因素的影响，如底物成分，温度，pH值及压力。此外，二氧化碳溶解性也会影响比值的变化，溶解的二氧化碳与pH值之间有较密切的关系，当pH值发生波动时，气体成分也会随之发生改变。

3.2 餐厨垃圾湿式厌氧消化

3.2.1 餐厨垃圾成分特点

餐厨垃圾具有以下特点：

（1）成分复杂、杂质较多：集中收集的餐厨垃圾不仅包括宾馆、饭店的剩菜、剩饭还包括大量废旧餐具、破碎的器皿，厨房的下脚料等，是油、水、果皮、蔬菜、米面，鱼、肉、骨头以及废餐具、塑料、纸巾等多种物质的混合物；

（2）含水率高：可达80%~95%；

（3）有机物含量高：主要为糖类、淀粉，蛋白质，膳食纤维，动植物脂肪等，有机质占除杂后总干物质的90%以上；

（4）油脂含量高：餐厨垃圾中含有大量的动植物脂肪，有机质中油脂含量一般在15%以上；

（5）盐分含量高：通常为0.8%~1.2%，以质量计；

（6）肥效成分含量高：富含氮，磷，钾，钙及各种微量元素。

表3-7为广州某大学食堂的餐厨垃圾成分。由于餐厨垃圾含水率较高，在处理时可以先进行初步固液分离，表3-8为成都某区餐厨垃圾固形物的物理成分组成，其中食物残渣的干基有机质含量和蛋白质含量分别为86.24 %、14.48 %；表3-9为成都某城区餐厨垃圾渗滤液的成分特点。

表3-7 大学食堂餐厨垃圾的特性

参数	数值	参数	数值
TS /%	24.18	pH值	4.25
VS /%(TS)	92.44	*C/N*	28.38
热值/$MJ \cdot kg^{-1}$(TS)	251.35	Ash /%(TS)	7.56
碳水化合物/%(TS)	38.6	C/%(TS)	50.12
总糖/%(TS)	9.12	H/%(TS)	7.81
蛋白质/%(TS)	17.3	O/%(TS)	40.20
脂类/%(TS)	34.9	N含量/%(TS)	1.79
粗纤维/%(TS)	3.30	S含量/%(TS)	0.06
总凯氏氮/%(TS)	2.77	P含量/%(TS)	0.02

表3-8 餐厨垃圾固形物物理成分

项 目	食物残渣	纸类	竹木	塑料	玻璃	金属	合计
湿基组成/%	96.09	1.53	0.15	1.42	0.73	0.09	100.00
含固率/%	24.07	51.28	57.14	46.43	97.43	75.00	25.42
含水率/%	75.93	48.72	42.86	53.57	2.57	25.00	74.58
干基组成/%	90.99	3.08	0.33	2.59	2.79	0.21	100.00

鉴于餐厨垃圾的成分特点，目前我国餐厨垃圾的主要处理模式为基于厌氧消化技术的综合利用，见图3-9。

表 3-9　餐厨垃圾渗滤液成分特点

名　称	参 照 标 准	测 试 结 果
含油率	GB/T 5009. 6—2003	2. 50%
pH 值	CJ/T 99—1999	4. 06
电导率		2. 0775s/m
盐分	GB/T 12457—1990	1653mg/L
NH_4-N	CJ/T 75—1999	244mg/L
COD	GB 11914—1989	78250mg/L
BOD_5	GB 7488—1987	48000mg/L
SS	GB/T 11901—1989	77830mg/L
COD	GB 11914—1989	26800mg/L

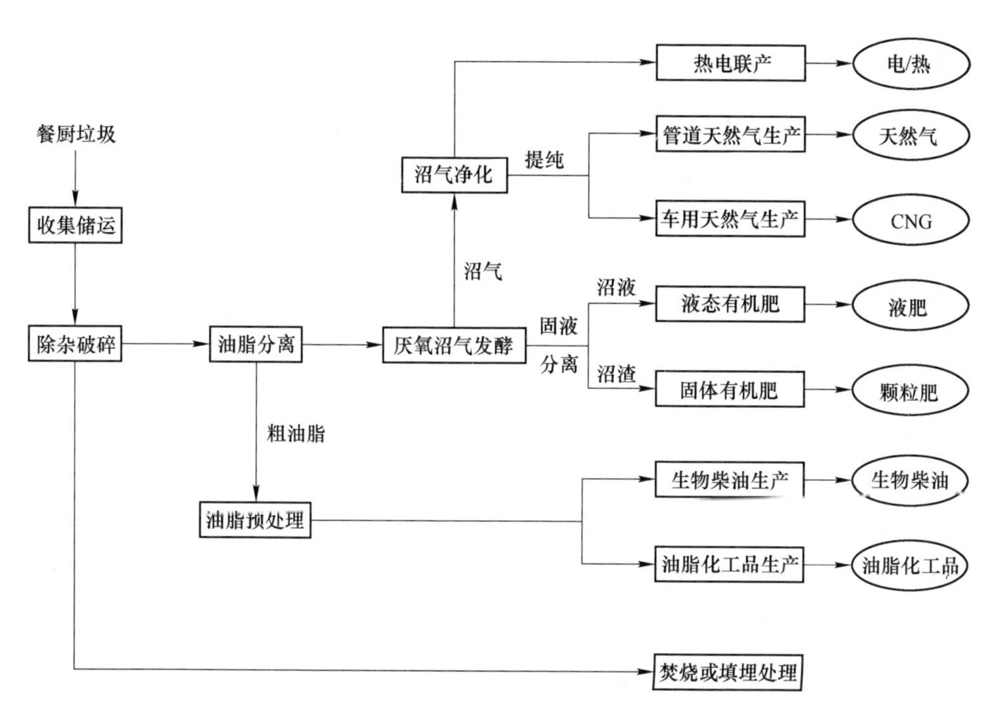

图 3-9　餐厨垃圾资源化综合利用示意图

3. 2. 2　餐厨垃圾典型组分产气特性

3. 2. 2. 1　理论甲烷产率

根据 Buswell 方程计算得到每克原料的理论甲烷产率，见表 3-10，原料的 $C_nH_aO_bN_c$ 通过原料的 C、H、O 和 N 元素分析求得。

表 3-10　餐厨垃圾典型组分理论甲烷产率

原料	Buswell 方程	理论甲烷产率 /mL·g^{-1}(VS)
土豆	$C_{3.4}H_{5.6}O_{3.2}N_{0.1}+0.48H_2O \longrightarrow 1.56CH_4+1.88CO_2+0.1NH_3$	351
生菜	$C_{3.5}H_{4.8}O_{2.1}N_{0.2}+1.40H_2O \longrightarrow 1.75CH_4+1.75CO_2+0.2NH_3$	463
瘦肉	$C_{4.2}H_{6.1}O_{1.4}N_{1.0}+2.73H_2O \longrightarrow 2.14CH_4+2.06CO_2+1.0NH_3$	505
花生油	$C_{6.4}H_{7.9}O_{0.8}N_{0.0}+4.03H_2O \longrightarrow 3.99CH_4+2.41CO_2+0NH_3$	894

3.2.2.2　产甲烷规律

对于批式厌氧消化产甲烷过程，一定程度上甲烷产量是微生物生长的一个函数，微生物的典型生长曲线包括一段延滞期，此时可以采用修正 Gompertz 方程（式 3-1）来模拟累积产甲烷曲线，典型的曲线形状为“S”型，即存在拐点。

$$M = P \times \exp\left\{-\exp\left[\frac{R_m \times e}{P}(\lambda - t) + 1\right]\right\} \tag{3-1}$$

式中，M 为 t 时刻的累积甲烷产量，mL·g^{-1}(VS)；P 为甲烷产率，mL·g^{-1}(VS)；R_m为最大产甲烷速率，mL·d^{-1}·g^{-1}(VS)；λ 为延滞期，d。P、R_m和 λ 可以通过批式厌氧消化实验数据拟合得到。

不同原料厌氧消化的累积产甲烷量经修正 Gompertz 方程拟合后见图 3-10。相应的模型参数见表 3-11。可以看出，淀粉类原料（土豆）和蛋白质类原料（瘦肉）的甲烷产率和最大产甲烷速率相近。脂类原料（花生油）的甲烷产率远远高于其他三种，但是它的最大产甲烷速率比纤维类原料（生菜）还低。延滞期是反映厌氧消化性能的一个重要指标，除了土豆，其他三种原料的拟合曲线均呈现出 S 形，其中花生油最具典型性。生菜、瘦肉和花生油的延滞期分别为 1.3d、1.6d 和 13.1d，因此对于纤维素类、蛋白质类和脂类原料的厌氧消化，接种物必须经过驯化以缩短延滞期。

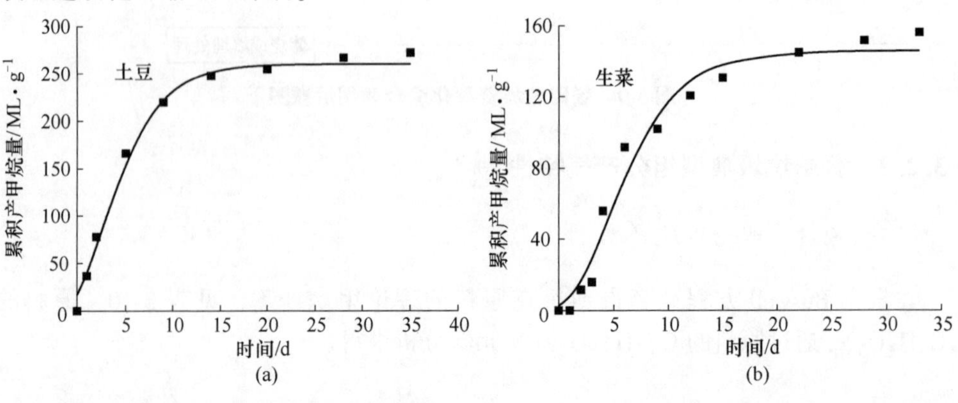

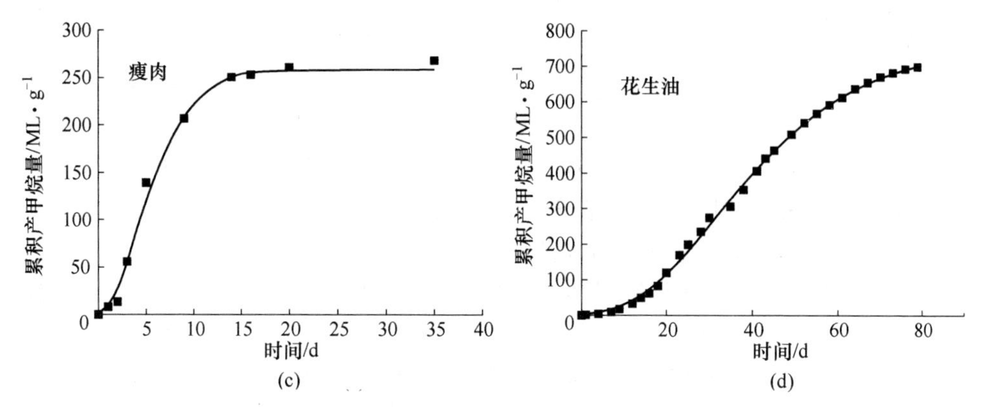

图 3-10 不同原料厌氧消化过程的实际累积产甲烷量与累积产甲烷拟合曲线

■ 实验值；—— 修正 Gompertz 方程曲线

表 3-11 修正 Gompertz 方程的模型参数

项　　目	土豆	生菜	瘦肉	花生油
甲烷产率 P/ mL · g^{-1}(VS)	260.1	145.7	258.4	757.2
最大产甲烷速率 R_m/ mL · d^{-1} · g^{-1}(VS)	33.3	16.1	36.6	15.0
延滞期 λ/d	0	1.3	1.6	13.1
拟合度 R^2	0.995	0.987	0.997	0.999
M 为 80% P 的时间 T_{80}/d	7.2	9.6	8.1	59.7

土豆、瘦肉和生菜的累积甲烷产量达到甲烷产率 80%所需的时间依次增加，但均小于 10d，因此在实际应用中，对于这三种类型的原料，建议中温厌氧消化的停留时间为 10d。对于未经驯化的脂类原料中温厌氧消化，停留时间应为 60d；经过驯化后，厌氧消化停留时间至少保证 47d。

3.2.2.3 厌氧降解特性

有机质降解过程包括胞外分解和水解以及胞内产酸、产乙酸和产甲烷等 5 个步骤。混合性底物分解后转化为惰性物质、淀粉、纤维素、蛋白质和脂类，这一步骤很大程度上是非生物过程。淀粉和纤维素经胞外酶水解，生成单糖（或二糖），绝大多数微生物能产生淀粉酶，而纤维素酶仅能由少数微生物产生。淀粉的生物降解非常迅速，甚至接近于单糖的降解速度。纤维素的水解步骤是整个降解过程的限速步骤，主要受两个不利因素影响：一是纤维素通常被其他物质（如木质素）所包裹，纤维素酶难以接触到纤维素表面，二是紧密的纤维素晶体结构，使得单位质量的比表面积相对较小，单位质量的可获得生物降解吸附位也较少，根据 South 等人提出的酶吸附动力学模型（ABK 模型），非可溶性底物的水解速率随可获得生物降解吸附位的减少而降低，因此纤维素的降解较为缓慢。

蛋白质被胞外蛋白酶水解为短肽和各种氨基酸，大多数氨基酸在厌氧消化过程中很容易转化为甲烷，但大约10%~20%的天然蛋白质中的氨基酸是芳香化合物，例如苯丙氨酸和酪氨酸，这类氨基酸在开始时降解较慢，但在菌种驯化后能像其他酚类化合物一样被降解。氨基酸降解具有两种类型的反应：一种是Stickland氨基酸成对氧化-还原反应，另一种是氢离子或二氧化碳作为外部电子受体的单一氨基酸氧化。氨基酸降解产物包括VFA、二氧化碳和氨，降解产生的氨浓度与氨基酸（或蛋白质）的含量成正相关。

脂类物质经过厌氧水解后得到甘油和长链脂肪酸（LCFA）。LCFA通过活化作用和β-氧化降解成乙酸和氢气，LCFA的降解（β-氧化）从热力学角度来讲是很难进行的，除非氢分压维持在极低水平，LCFA的降解会因乙酸和氢气的积累而受到抑制，只有在厌氧体系中存在能有效利用乙酸和氢气的产甲烷菌时才能降解。LCFA的降解需要较长的时间，因为LCFA本身就是厌氧细菌的一种抑制剂，LCFA通过与细胞壁的缔合作用对微生物起抑制作用，但是通过逐步驯化，微生物也能够适应高浓度LCFA的环境。与氨基酸降解不同，LCFA的降解需要很长时间的驯化，因此在降解过程中表现出较长的延滞期。

3.2.2.4 厌氧消化一级动力学

动力学研究能够为厌氧消化特性了解，预测消化性能和设计合适的反应器提供帮助。一级动力学是用于描述复杂有机质厌氧消化的最简单的模型，它不考虑微生物生长和具体步骤（如产酸和产甲烷），是一个反映所有微观过程累积效应的经验表达式，但是它能够在实际应用中对稳定的消化性能提供比较标准。式(3-2)为一级动力学方程：

$$-\mathrm{d}s/\mathrm{d}t = ks \tag{3-2}$$

式中，s 为 t 时刻的可生物降解底物的量，g(VS)；k 为一级底物降解速率常数，d^{-1}。

对于批式厌氧消化，上式积分后为：

$$s = s_0 \cdot \mathrm{e}^{-k \cdot t} \tag{3-3}$$

式中，s_0 为可生物降解底物的初始量，g(VS)。

当底物的降解和产甲烷达到平衡时（没有中间产物积累），甲烷的累积产量能够反映底物的降解速率，底物的量与甲烷累积产量之间的关系如图3-11所示，见式（3-4）。

$$\frac{G_\infty - G}{G_\infty} = \frac{s}{s_0} \tag{3-4}$$

式中，G_∞ 为最终甲烷累积产量；G 为 t 时刻的甲烷累积产量。结合式（3-3）和（3-4）可以得出消化时间与甲烷累积产量的一级动力学关系，如式（3-5）。

$$G(t) = G_\infty[1 - \exp(-kt)] \tag{3-5}$$

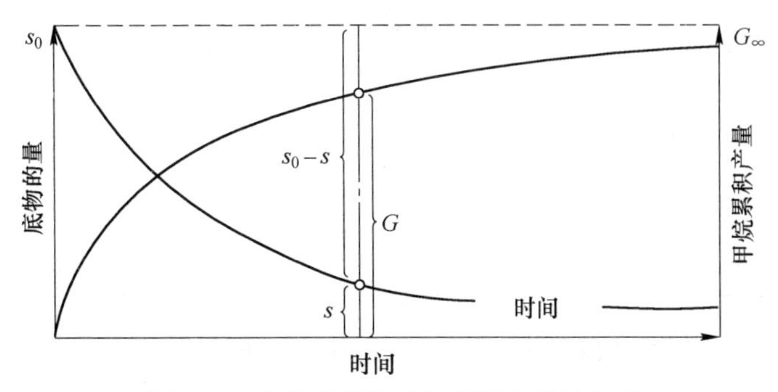

图 3-11 底物的量与甲烷累积产量的关系

式中，G_∞ 和 k 可以通过批式厌氧消化实验数据拟合得到。

当采用一级动力学方程来求解底物降解速率常数 k 时，不允许将延滞期包含在内，因此除土豆外，均从延滞期结束后的时刻作为动力学方程的时间零点（生菜、瘦肉和花生油的时间零点分别从 1. 3d、1. 6d 和 13. 1d 算起），一级动力学方程曲线拟合（见图 3-12）求得的底物降解速率常数见表 3-12。可以看出，淀粉

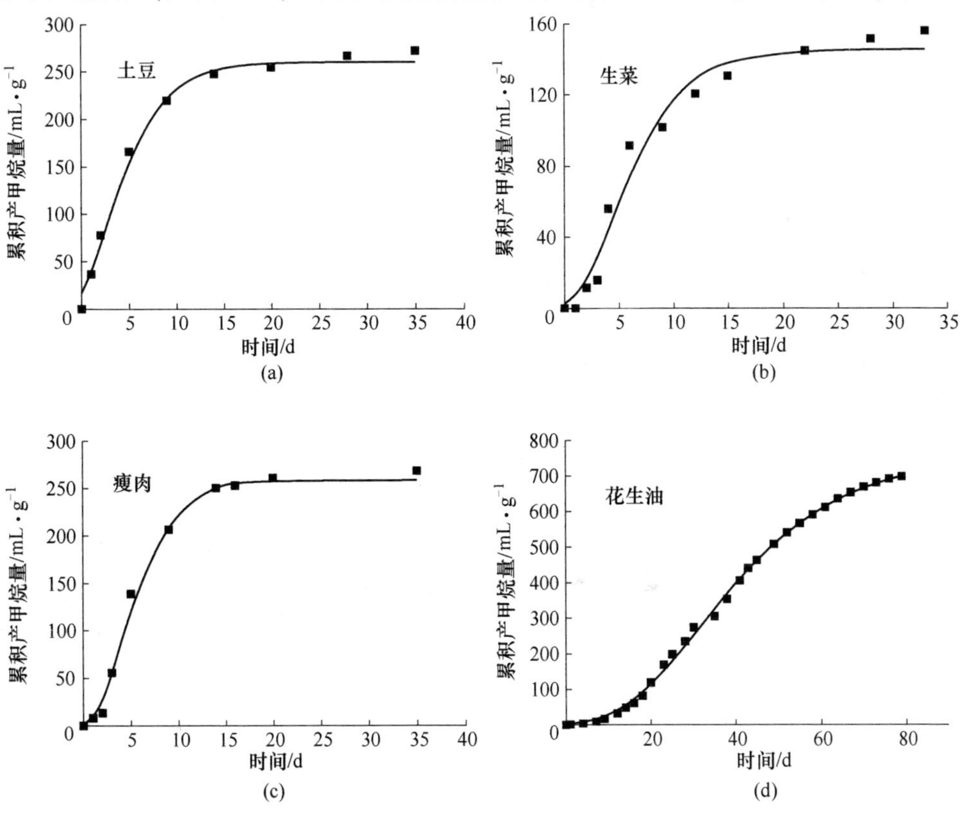

图 3-12 不同原料厌氧消化过程一级动力学方程曲线

■—实验值；———— 一级动力学方程曲线

表 3-12　一级动力学方程参数

项　目	土豆	生菜	瘦肉	花生油
最终甲烷累积产量 G_∞ / mL · g^{-1} (VS)	268. 4	154. 4	270. 6	976. 6
降解速率常数 k/d^{-1}	0. 183	0. 147	0. 190	0. 020
拟合度 R^2	0. 999	0. 991	0. 998	0. 998

类原料和蛋白质类原料的降解速率相近，纤维素类原料其次，降解最慢的为脂类原料。

3. 2. 3　有机负荷对餐厨垃圾厌氧消化的影响

3. 2. 3. 1　产气情况

有机负荷率（OLR）对餐厨垃圾厌氧消化池容产气率和稳定性具有重要的影响，本章作者设计了一个有机负荷冲击实验，见表 3-13。图 3-13 为不同有机负荷条件下的池容产气率（VBPR）、气体浓度、原料沼气产率（SBPR）和原料甲烷产率（SMPR）。在厌氧消化稳定阶段，有机负荷率与池容产气率存在正相关关系，当有机负荷率为 5. 588kg/(m^3 · d)(VS) 时，厌氧消化体系获得最大池容产气率 4. 41L/(L · d)，最大甲烷浓度为 66%。较高的有机负荷率不一定获得较高的原料甲烷产率，当有机负荷 3. 353kg/(m^3 · d)(VS) 时，厌氧消化体系获得最大原料甲烷产率 353 ~ 488 L/kg (VS)。当有机负荷增加到 6. 706kg/(m^3 · d)(VS) 以后，池容产气率、原料产甲烷率、甲烷浓度开始下降，直至停止产气。值得注意的是，在发酵后期有氢气检出，说明厌氧消化系统已经严重酸化。总体来说，较高的有机负荷能够提高池容产气率，同时增加单位有效容积的废弃物处理量。然而，过高的有机负荷会导致较低的原料甲烷产率和甲烷浓度，从而降低能源产率。因此，选择合适有机负荷对于平衡工程投资和能源产率是至关重要的，对于餐厨垃圾中温厌氧消化，合适的有机负荷率为 4. 5kg/(m^3 · d)(VS) 左右。

表 3-13　餐厨垃圾厌氧消化有机负荷冲击实验设计

项　目	1	2	3	4	5	6	7	8	9
OLR/kg · (m^3 · day)$^{-1}$(VS)	0	1. 118	1. 676	2. 235	3. 353	4. 470	5. 588	6. 706	8. 382
HRT/d	—	150. 0	100. 0	75. 0	50. 0	37. 5	30. 0	25. 0	20. 0

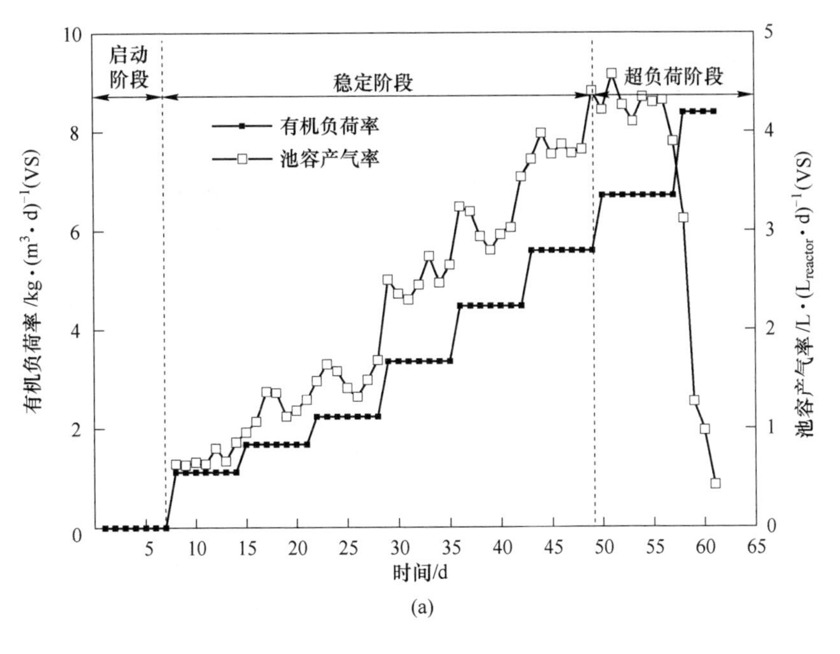
启动
阶段
稳定阶段
超负荷阶段
有机负荷率
池容产气率
有机负荷率 /kg·(m³·d)⁻¹(VS)
池容产气率/L·(L reactor·d)⁻¹(VS)
时间/d

(a)

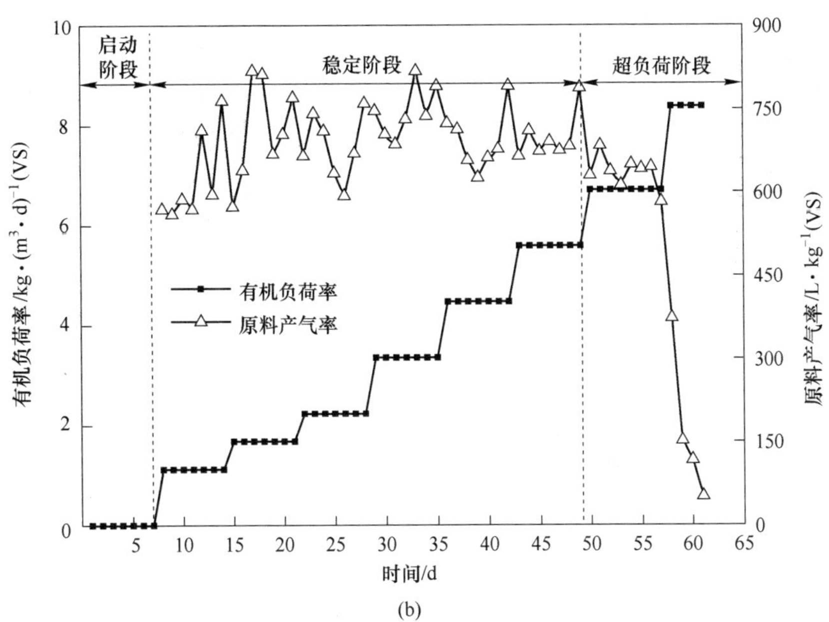
启动
阶段
稳定阶段
超负荷阶段
有机负荷率
原料产气率
有机负荷率 /kg·(m³·d)⁻¹(VS)
原料产气率/L·kg⁻¹(VS)
时间/d

(b)

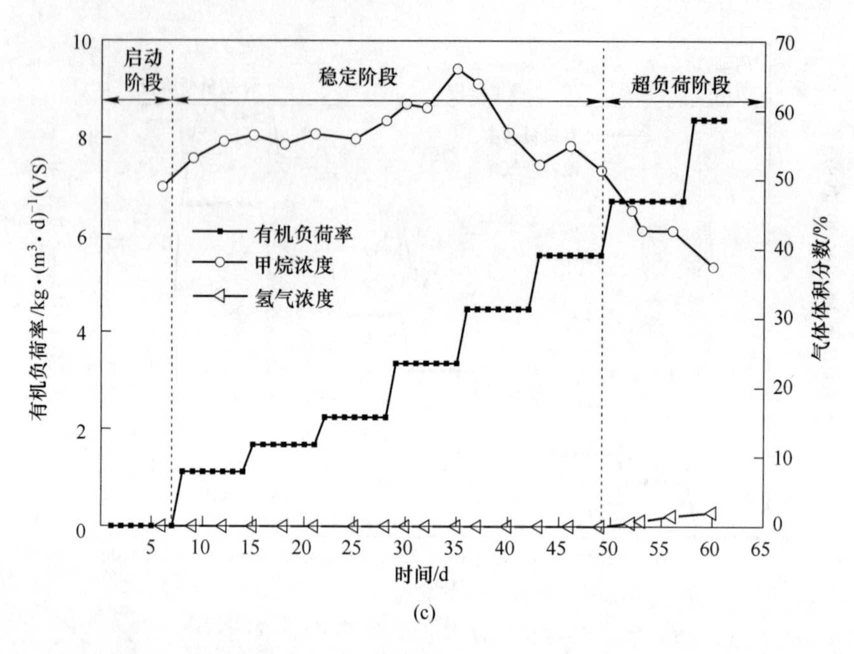
启动
阶段
稳定阶段
超负荷阶段
有机负荷率
甲烷浓度
氢气浓度
有机负荷率/kg·(m³·d)⁻¹(VS)
气体体积分数/%
时间/d
(c)

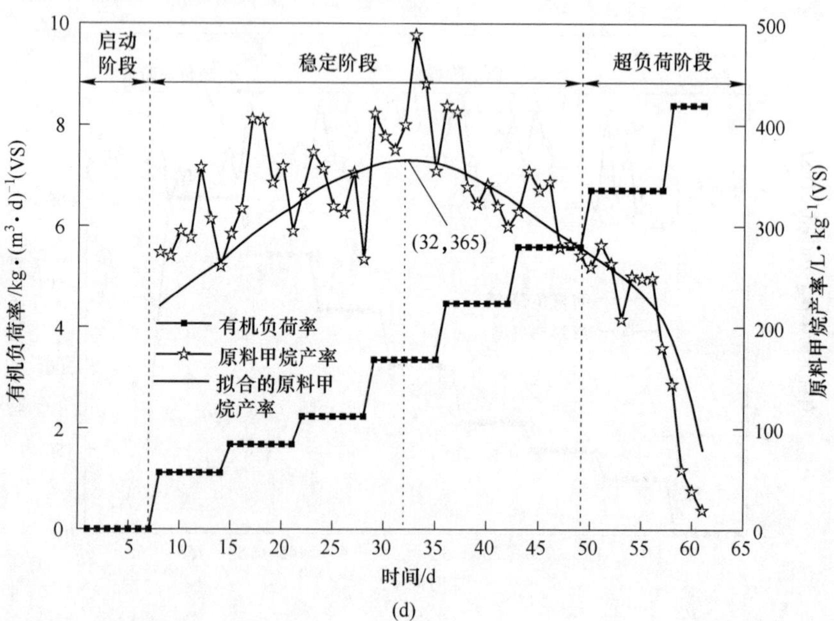
启动
阶段
稳定阶段
超负荷阶段
(32,365)
有机负荷率
原料甲烷产率
拟合的原料甲
烷产率
有机负荷率/kg·(m³·d)⁻¹(VS)
原料甲烷产率/L·kg⁻¹(VS)
时间/d
(d)

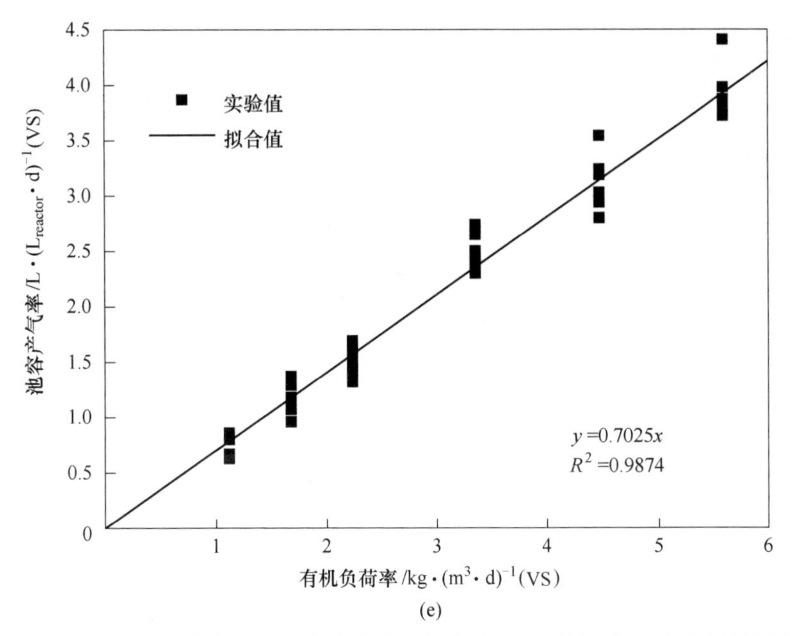

(e)

图 3-13 不同有机负荷条件下的池容产气率、气体浓度、原料沼气产率和原料甲烷产率

3.2.3.2 液相环境因子

图 3-14 为不同有机负荷条件下的 pH 值、总挥发性脂肪酸（VFA）、丙酸、氨氮浓度。在厌氧消化稳定阶段，pH 值稳定在 7.0~7.2，总 VFA 浓度稳定在 1000mg/L 以下；当有机负荷率增加到 6.7kg/(m³·d)(VS) 后，总 VFA 浓度急

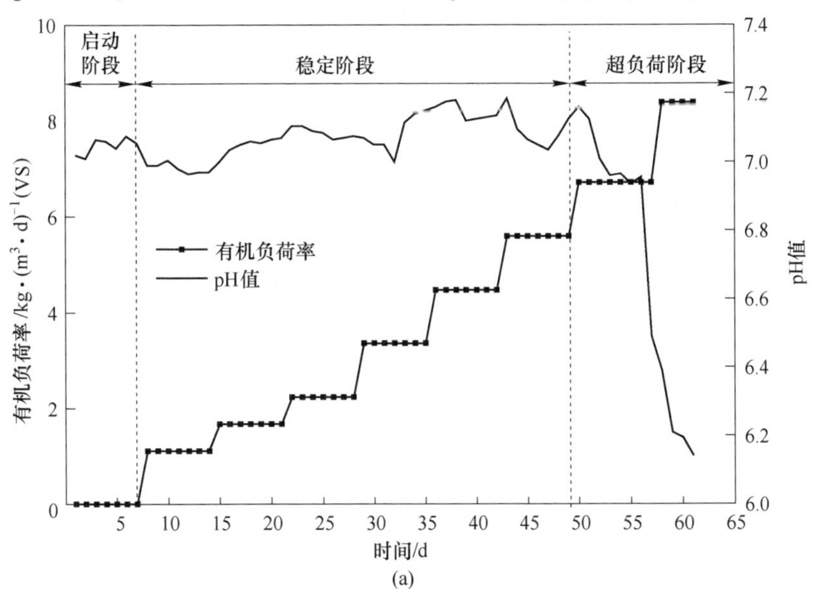

(a)

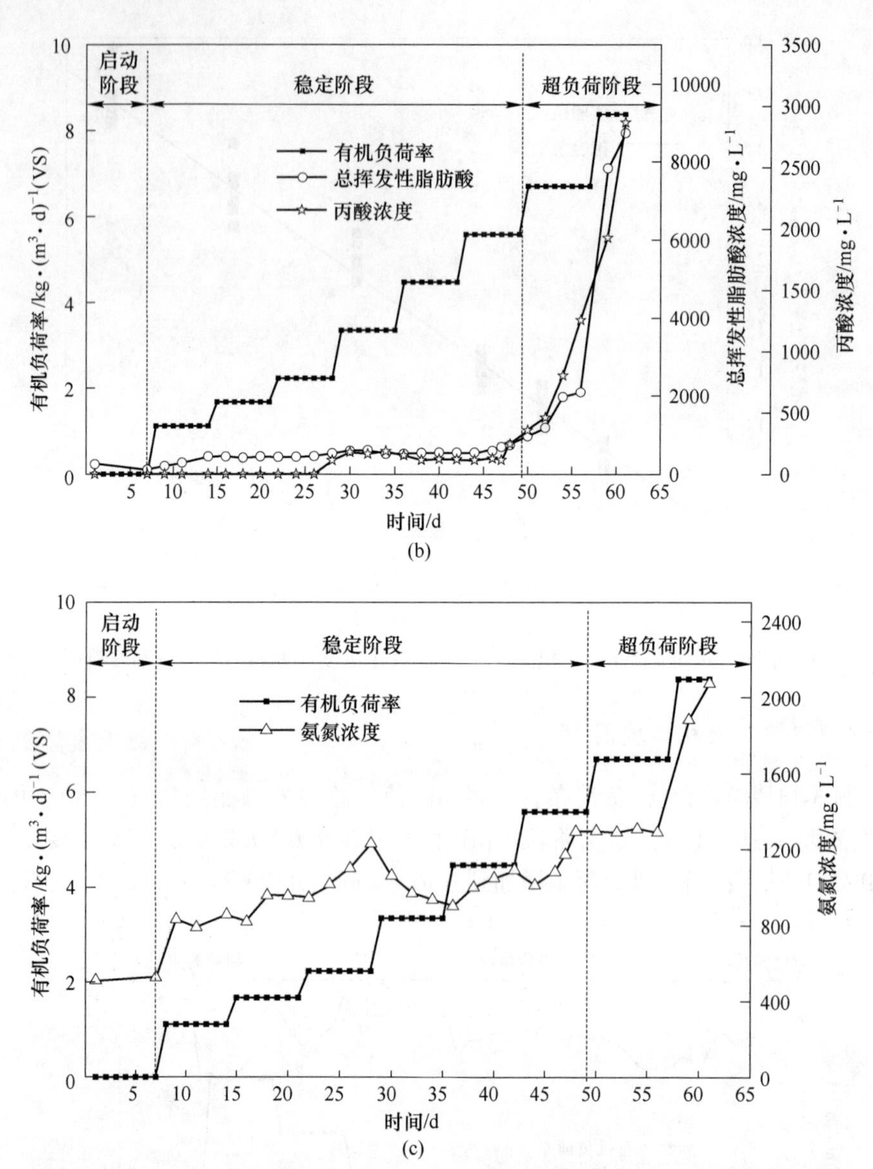

图 3-14　不同有机负荷条件下的 pH 值、总挥发性脂肪酸（VFA）、丙酸、氨氮浓度

剧升高至 8738mg/L，其中丙酸浓度升高到 2864mg/L，相应地，pH 值也急剧下降，说明厌氧消化系统进料有机负荷过高。

3.2.3.3　油脂浮层

根据前面介绍的餐厨垃圾典型组分产气特性可知，20～50d 的水力停留时间对碳水化合物和蛋白质的降解是足够的，但是对油脂的降解是不足的。因此，在厌氧消化系统液相表面形成了约 2cm 厚的油脂层积累。对于餐厨垃圾厌氧消化，

除了可能存在的 VFA 抑制，可能还会造成脂类抑制，脂类不仅会通过前面介绍的长链脂肪酸（LCFA）抑制微生物细胞的活性，油脂本身还会吸附微生物细胞导致产甲烷微生物上浮并进一步流失，而表层油脂层的存在还会抑制沼气从液相中溢出，从而造成产甲烷反应的产物反馈抑制，以及管道堵塞等问题。因此，餐厨垃圾厌氧消化系统需要配置除油装置。

3.2.4 餐厨垃圾油脂分离技术

针对高油脂含量，可以将餐厨垃圾中的油脂进行分离回收，用作油脂化工原料或用于生产生物柴油。由于油脂的沼气发酵周期较长，至少需要 60d，而餐厨垃圾中的其他有机质（糖类、淀粉、粗纤维、蛋白）的沼气发酵周期最多只需要 25d，因此油脂的存在会大大降低餐厨垃圾沼气发酵效率。另外，油脂的存在会对餐厨垃圾沼气发酵产生一定的抑制作用。因此，建议对餐厨垃圾进行油脂分离和沼气发酵综合处理，实际上油脂化工品或生物柴油的附加值比沼气的附加值更高。

餐厨垃圾中的油脂以漂浮油、分散油、乳化油、溶解油、固相内部油脂等 5 种形式存在。其中，漂浮油粒径较大，一般大于 100μm，静置后能较快上浮，以连续相油膜或油层的形式飘浮于水面，用一般重力分离设备即能去除。分散油以小油滴形状悬浮分散在液相中，油滴粒径在 25~100μm 之间，当油表面存在电荷或受到机械外力时，油滴较为稳定，反之分散相的油滴则不稳定，静置一段时间后就会聚并成较大的油珠上浮到水面，这一状态的油也较易除去。当存在表面活性剂时，油脂在水中呈乳浊状或乳化状，形成油滴粒径在 0.1~25μm 之间的乳化油，乳化油的分离相对较为困难。溶解油以分子状态或化学状态分散于水相中形成超细油滴，粒径在几个纳米以下，油和水形成非常稳定的均相体系，用一般的物理方法无法去除。但由于油在水中的溶解度很小（5~15mg/L），所以在水中的比例仅约为 0.5%。固相内部油脂多以固态形式与餐厨垃圾固相颗粒紧密结合，几乎不能直接分离。餐厨垃圾中的油脂主要以固相内部油脂和漂浮油的方式存在，其他三种存在方式较少，其中固相内部油脂占总油脂含量的 80%以上，漂浮油占 10%~15%，其余存在方式的油脂不足 5%。

餐厨垃圾油脂分离的关键在于将固相内部油脂释放进入液相，降低油脂分离难度，对于液相中的分散油、乳化油可采用粗粒化法、微气浮法等转化为漂浮油，然后进行重力分离。目前，餐厨垃圾油脂分离方法主要有湿热处理法和微气浮法。例如，中国专利 ZL200710132239.4 公开了一种高温蒸煮的湿热处理方法，促使餐厨垃圾中的固相内部油脂释放进入液相中。中国专利 ZL200710306010.8 公开了一种微气浮法和粗粒化法联用的油脂分离方法，用于将餐厨垃圾废水中的分散油、乳化油转化为漂浮油。然而，湿热处理方法需要将餐厨垃圾加热到

150℃左右的高温，工艺能耗较高；微气浮法需要微气泡发生器，也需要能耗；而粗粒化法不仅需要粗粒化填料，增加设备成本，还需要控制严格的工艺条件以保证油脂回收效率。

作者开发了一项餐厨垃圾沼气发酵耦合油脂分离专利技术（ZL 201110159541.5），该技术充分利用厌氧发酵过程中微生物和酶对餐厨垃圾固体有机颗粒的连续分解水解作用，促使固相内部油脂释放到水中形成分散油和乳化油；充分利用沼气发酵产生的沼气微气泡，将水中的分散油和乳化油转化为漂浮油；依靠集成在厌氧消化反应器内部的除油装置将漂浮油分离出，见图 3-15。

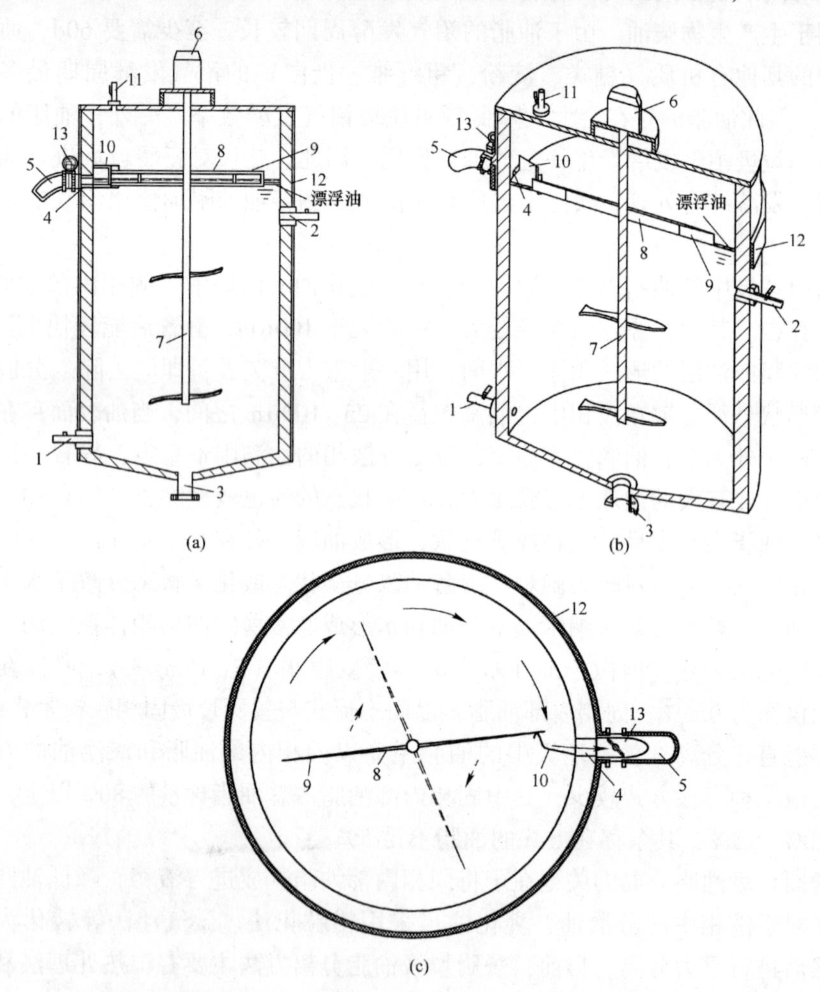

图 3-15 餐厨垃圾沼气发酵耦合油脂分离

（a）剖视图；（b）斜剖视图；（c）刮油装置的运行示意图

1—进料口；2—出料口；3—排渣口；4—排油口；5—排油管；6—电机；7—搅拌轴；8—刮油板；9—橡胶触片；10—拦油板；11—沼气出口；12—加热带；13—阀门

厌氧发酵耦合油脂分离技术通过厌氧发酵耦合油脂分离一体化反应器，实现沼气发酵与油脂分离的同步进行，无需增加单独的餐厨垃圾油脂分离装置，如高温蒸煮罐和微气浮除油罐，简化工艺和降低设备投资成本，更为重要的是可以降低系统能耗。

3.3 机械水分选有机垃圾厌氧消化

3.3.1 机械水分选有机垃圾原料特点

由于我国生活垃圾源头分选制度还未完善，一些垃圾处理企业进行了后端机械分选的尝试。2007 年，明日环保科技控股有限公司开发了一套生活垃圾机械水分选系统，该系统的特点是以水作为分类介质，并在一系列机械设备的协助下，将复杂的混合垃圾分选成有机部分、金属、重物质、塑料和可燃物部分，见图 3-16。分

图 3-16 生活垃圾机械水分选产物

类后的水分选有机垃圾（Water sorted OFMSW，WS-OFMSW）包括固体有机部分和气浮污泥，前者指粒径较大的块状有机物（如果皮等），后者是指从垃圾分选后产生的污水中利用气浮作用获得的污泥部分（粒径一般小于2cm）。

为了统一处理固体有机部分和气浮污泥，将块状的固体有机部分进行破碎，然后和气浮污泥在储料池中搅拌混合，得到机械水分选有机垃圾，原料特性及金属元素含量见表3-14和表3-15。WS-OFMSW的生物可降解性与源头分选有机垃圾（SS-OFMSW）相比，仍有一定的差距。WS-OFMSW的总固体浓度为18.4%，适合进行湿式高固体厌氧消化，本章作者考察了反应器总固体浓度（Total Solid in reactor，TSr）分别为11.0%、13.5%和16.0%的批式厌氧消化产气情况。

表3-14　水分选城市生活有机垃圾的特性

项　目	WS-OFMSW	SP-SS-OFMSW①	DS-SS-OFMSW②
总干物质/%	18.4	27.3	29.2
热值/MJ · kg^{-1}（TS）	21.0	21.5	20.3
VS/%（TS）	61.6	92.3	88.8
Ash/%（TS）	38.4	7.7	11.2
碳水化合物/%（TS）	37.8	58.7	59.5
纤维素/%（TS）	8.4	12.2	17.4
蛋白质/%（TS）	14.2	17.0	15.8
脂类/%（TS）	9.6	16.6	13.8
碳(C)/%（TS）	37.7	50.5	48.3
氢(H)/%（TS）	5.7	7.7	7.1
氧(O)/%（TS）	14.9	30.8	30.1
氮(N)/%（TS）	3.3	2.8	2.6
硫(S)/%（TS）	0.1	0.2	0.2
TMP/L · kg^{-1}（VS）	508	530	530
BMP/L · kg^{-1}（VS）	320	461	428

①经螺旋挤压（Screw press）处理后的源头分类有机垃圾[1]；②经圆盘筛分（Disc screen）处理后的源头分类有机垃圾。

表3-15　WS-OFMSW的金属元素含量　　（mg/kg，TS）

参数	数值	参数	数值	参数	数值
Na	1061.5	Zn	660	Ni	29.6
K	3656.8	Fe	13987.0	Mn	79.6
Ca	2106.1	Cu	94.1	Hg	1.2
Mg	2301.2	Cd	2.0	As	10.1
Al	12108.8	Pb	80.7		

3.3.2 产气量以及甲烷浓度

图 3-17 为产气速率和甲烷浓度。较低的总固体浓度能够实现较早的产气高峰，且峰值相对较大。图 3-18 为累积产气和累积产甲烷曲线。TSr 为 16.0%、13.5%和 11.0%的累积产气量分别为 422.7L/kg(VS)、427.0L/kg(VS) 和 477.6L/kg(VS)，相应的累积产甲烷量为 273.1L/kg(VS)、283.0L/kg(VS) 和 313.7L/kg(VS)。较低的 TSr 有助于快速启动并缩短厌氧消化周期。

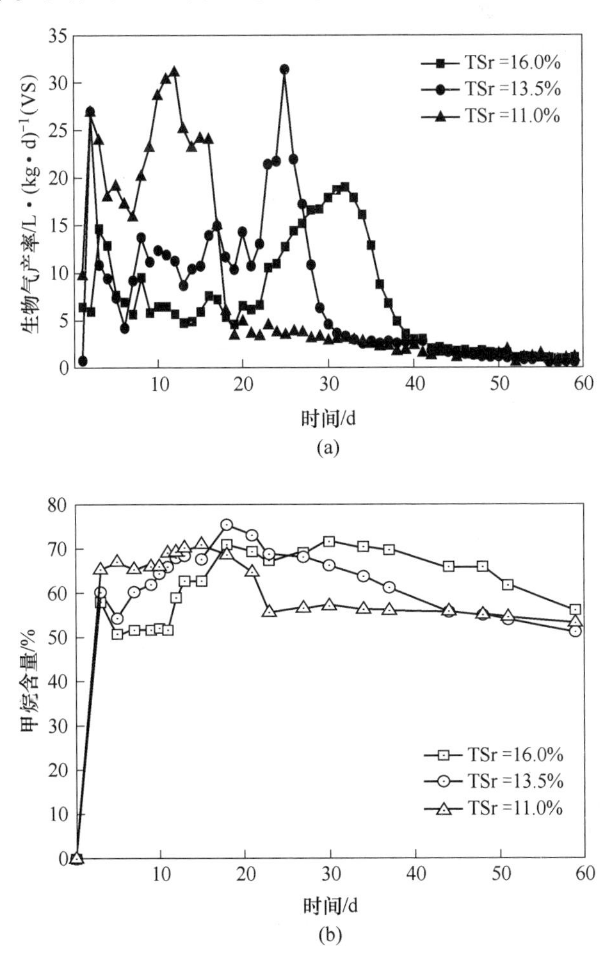

图 3-17 WS-OFMSW 厌氧发酵的产气速率（a）和甲烷浓度（b）

3.3.3 液相环境因子

图 3-19、图 3-20 和图 3-21 为 pH 值、VFA 和氨氮浓度的变化，厌氧消化稳定后，pH 值、VFA 和氨氮水平均处于厌氧消化产甲烷的稳定区域（见图 3-19）。

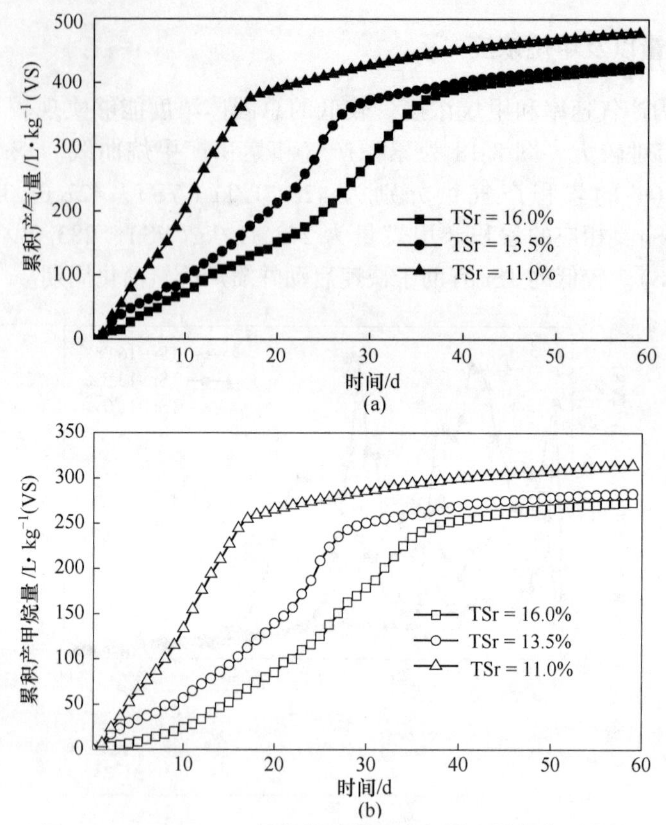

图 3-18 WS-OFMSW 厌氧发酵累积产气量和累积产甲烷量

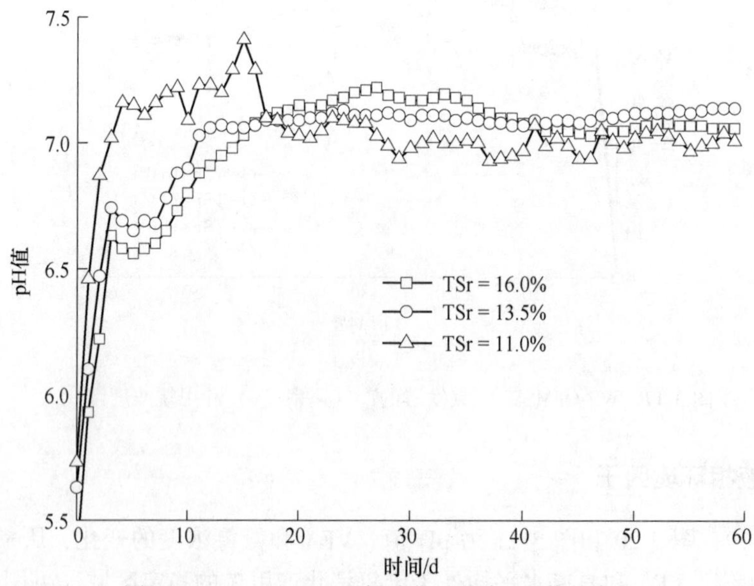

图 3-19 WS-OFMSW 厌氧消化过程中 pH 值的变化

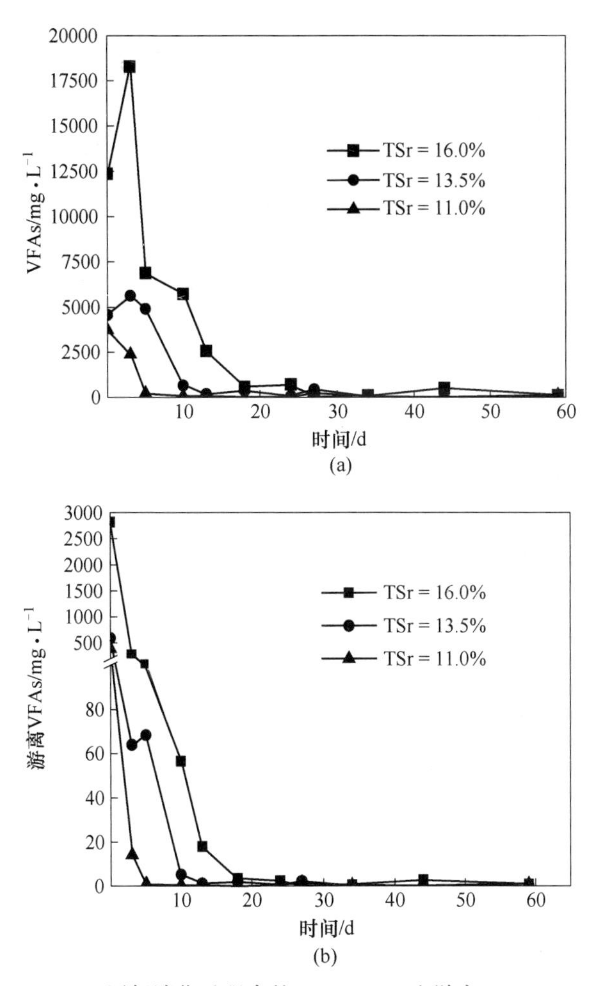

图 3-20 WS-OFMSW 厌氧消化过程中的 VFAs（a）和游离 VFAs（b）的浓度变化

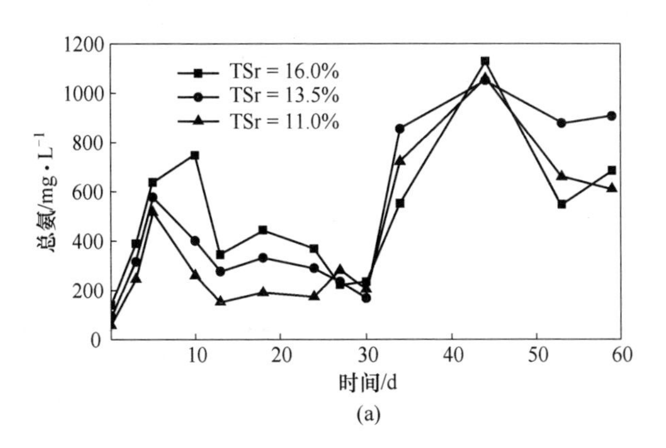

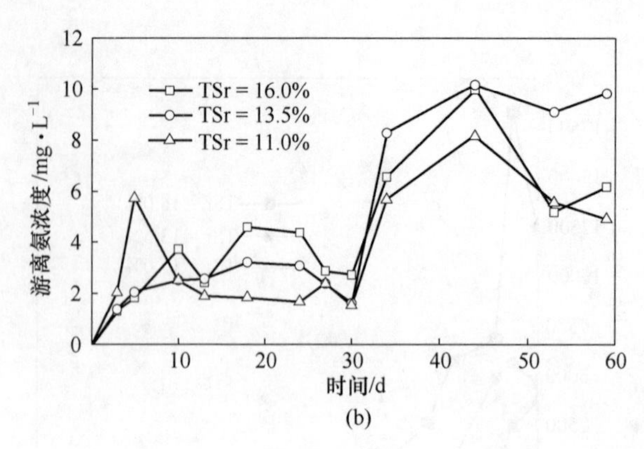

图 3-21　WS-OFMSW 厌氧消化过程中的总氨（a）和游离氨（b）的浓度变化

3.3.4　厌氧消化效率和发酵残余物特性

表 3-16 比较了不同 TSr 的厌氧发酵性能，表 3-17 为厌氧发酵后残余物的特性。较低的总固体浓度能够获得较高的 VS 去除率、甲烷产率和能源产率。碳水化合物去除率较低的原因在于其含有筷子、树枝和木棍等较难降解的木质类，而蛋白质去除率较低的原因在于其含有羽毛、头发和少量皮革等较难降解角蛋白类物质，而并非完全是来自于厨余垃圾的易降解蛋白类。正因如此，产气效率较低，最高仅为 62%。

表 3-16　不同固体浓度的 WS-OFMSW 厌氧消化性能比较

TSr	16.0%	13.5%	11.0%
TS 去除率/%	13.67	26.07	27.86
VS 去除率/%	26.08	35.76	41.78
产气率/$L \cdot kg^{-1}$（TS）	260.4	263.0	294.2
产气率/$L \cdot kg^{-1}$（VS）	422.7	427.0	477.6
产气率/$L \cdot kg^{-1}$①	47.8	48.3	54.0
甲烷产率/$L \cdot kg^{-1}$（TS）	168.2	174.3	193.2
甲烷产率/$L \cdot kg^{-1}$（VS）	273.1	282.9	313.7
平均甲烷含量②/%	64.7	66.3	65.7
产气效率③/%	53.76	55.69	61.75
能源产率④/$MJ \cdot kg^{-1}$（TS）	6.02	6.23	6.91
能源效率⑤/%	28.66	29.69	32.91

①以总固体含量 18.4%的 WS-OFMSW 湿原料计算的产气率；②平均甲烷含量 = 累积产甲烷量/累积产气量；③产气效率 = 甲烷产率/理论产甲烷能力×100%；④能源产率基于甲烷热值 801kJ/mol 计算；⑤能源效率 = 能源产率/原料热值×100%。

表 3-17　WS-OFMSW 厌氧消化残余物特性

TSr	原料	16.0%	13.5%	11.0%
热值/MJ·kg^{-1}（TS）	21.0	12.7	12.1	11.3
VS/%（TS）	61.6	51.5	50.9	44.3
碳水化合物/%（TS）	37.8	33.6	32.9	28.8
蛋白质/%（TS）	14.2	12.7	12.4	10.9
脂类/%（TS）	9.6	5.2	5.1	4.5
粗纤维/%（TS）	8.4	6.2	6	5.3
[C]/%（TS）	37.7	27.5	26.9	24.8
[H]/%（TS）	5.7	4.1	4.0	3.4
[O]/%（TS）	14.9	17.5	17.7	14.6
[N]/%（TS）	3.3	1.8	1.7	1.5
[S]/%（TS）	0.1	0.63	0.60	0.59
[P]/%（TS）	0.2	0.36	0.33	0.18
VFAs/mg·L^{-1}	344	132	67	137
氨/mg·L^{-1}	114	684	906	1221

原料的有机部分（挥发性固体），不仅包括了易生物降解的有机态部分（如厨余垃圾、果皮和纸屑等），同时还包括未被水分选系统分离出并夹杂在有机部分里的难降解部分（如筷子、树枝、木棍和塑料等）。因此，要想获得较大的 VS 去除率，需对水分选系统进一步完善，降低有机质中难降解部分的含量。另外，要获得较高的产气效率，可以对原料进行预处理（如高温处理）以提高原料的可生物降解性。针对上述问题和技术需求，本章作者一方面通过专利技术（ZL201110331878.X，一种生活垃圾高效分选提取可发酵有机物的方法和装置）改进生活垃圾机械水分选工艺，减少有机质中的难降解部分；另一方面通过专利技术（ZL201010130968.8，一种城市生活有机垃圾强化水解和厌氧消化产生生物燃气的配套设备）采用厌氧消化+高温水解+二次厌氧消化新工艺，当第一次厌氧消化结束后，将发酵残余物中的难生物降解部分（如纤维类、皮革和羽毛等）进行高温水解，然后进行第二次厌氧消化，通过该组合工艺加强水解和消化，提高 VS 去除率和原料产气率。

3.4　沼气工程设备与技术

3.4.1　前处理设备

3.4.1.1　固液分离设施（备）

固液分离是一道必不可少的环节。根据采取的工艺路线不同，固液分离的位置和功能也不一样。能源环保型采用先分离、后厌氧消化，以改善出水水质；能源生态型则采用先厌氧消化，再将厌氧残留物进行固液分离，以提高沼气产量。无论哪种模式，为防止大的固体物进入后续处理环节，影响后续管道、设备和构筑物的正常使用，固液分离措施都是有必要的。

A　固定格栅

栅条间距一般为15~30mm，用于拦截较大的杂物。格栅可采用不锈钢材料，并且为可移动式以便于清洗。

B　水力筛网

以机械处理为主的筛滤是常用的固液分离方法，根据物料粒度分布状况进行固液分离。大于筛网孔径的固体物留在筛网表面，而液体和小于筛网孔径的固体物则通过筛网流出。固体物的去除率取决于筛孔大小，筛孔大则去除率低，但不容易堵塞，清洗次数少；反之，筛孔小则去除率高，但易堵塞，清洗次数多。目前最常用的全不锈钢楔形固定筛由于其在适当的筛距下去除率高，不易堵塞，结构简单和运行稳定可靠，是沼气工程中常用的固液分离设备。水力栅网的规格和性能见表3-18。

表3-18　水力筛的规格和性能

型号	滤出物直径 /mm	有效过滤面积 /m^2	处理能力 /$m^3 \cdot h^{-1}$	尺寸（长×宽×高） /mm×mm×mm
SW-1200	0.3~0.5	3.2	30~100	1220×1982×2810
SW-2400	0.3~0.5	6.4	60~200	2420×1982×2810

C　卧式离心分离机

LW-400卧式螺旋沉降离心机结构如图3-22所示。离心分离的原理实际上就是重力沉降，当固体密度差增大时，这些颗粒沉降更快，在加速度作用下，相同的颗粒沉降也越快。因此，当把混合悬浮液旋转时，作用在不同密度颗粒的力量会随加速度的增加而增加。在增强加速度的作用下，即使仅有些微密度差异的颗粒也会较容易被分离出来。

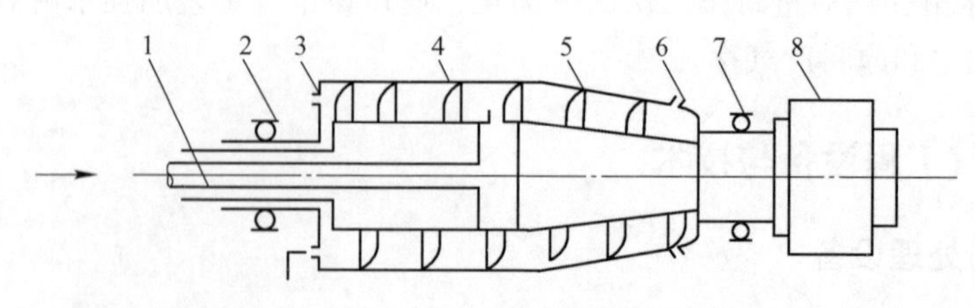

图3-22　LW-400卧式螺旋沉降离心机结构

1—加料管；2—左轴承座；3—溢流口；4—转鼓；5—螺旋；6—排渣口；7—右轴承座；8—差速器

卧式离心分离机主要用于分离格栅和筛网等难于分离的、细小的及比重轻又极其相近的悬浮固体物。卧式离心分离机的转速常达到每分钟几千转，这需要很

大的动力，且有耐高速的机械强度，因此，卧式离心分离机动力消耗极大，运行费用高，且还存在着专业维修保养的难题。

D 挤压式螺旋分离机

挤压式螺旋分离机是一种较为新型的固液分离设备，其结构见图 3-23。混合物料从进料口被泵入挤压式螺旋分离机内，安装在筛网中的挤压螺旋轴以 30r/min 的转速将要脱水的物料向前携进，其中的干物质通过与在机口形成的固态物质圆柱体相挤压而被分离出来，液体则通过筛网（件 2）筛出。机身为铸件，表面涂有防护漆。筛网配有不同型号的网孔，如 0.5mm，0.75mm，1.0mm。机头可根据固态物质的不同要求调节干湿度。

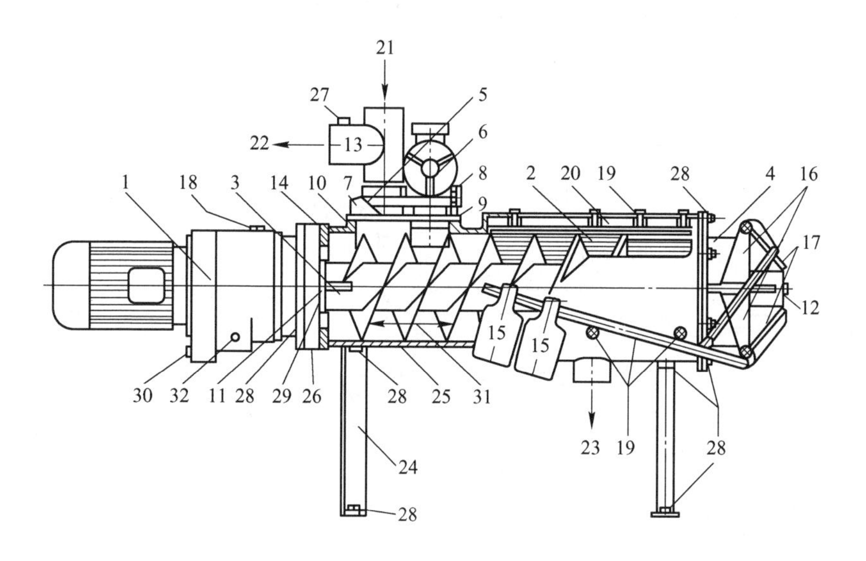

图 3-23 挤压式螺旋分离机结构图

1—电动机齿轮箱组；2—圆形筛网；3—螺旋轴；4—出料口；5—振荡器底座；6—振荡器；7—电动机定位针；8—振荡器弹簧；9—密封圈；10—垫圈；11—联轴器；12—螺旋定位杆；13—三通；14—注油孔；15—配重块；16—出料口开度调节架；17—出料口门板；18—齿轮箱注油孔；19—筛网固定螺栓；20—筛网固定槽；21—进料口；22—溢流口；23—出水口；24—底座支撑；25—分离器壳体；26—密封油渗漏孔；27—压力表孔；28—固定螺栓；29—轴承法兰；30—排油孔；31—螺旋推进器；32—油位孔

挤压式螺旋分离机的优点是效率较高，主要部件为不锈钢物件，结构坚固，维修保养简便。分离出的干物质含水量较低，便于运输，可直接作为有机肥使用。挤压式螺旋分离机特别适用于能源生态型工程厌氧消化残留物的分离，也可用作能源环保型厌氧消化前固液分离。

E 带式过滤机

带式过滤机分为辊压型和挤压型两种。以江苏启东市环境工程设备厂生产的 DYQ 型带式压榨过滤机为例进行介绍。

a　作用原理及脱水过程

DYQ 型带式压榨过滤机由旋转混合器、若干个不同口径的辊筒以及滤带组成，见图 3-24。污泥经过投加絮凝剂，在旋转混合器 1 内进行充分混合，反应后流入重力脱水段 2，由于脱去大部分自由水，而使污泥失去流动性。再经过楔形压榨段 3，由于污泥在楔形压榨段中，一方面使污泥平整，另一方面受到轻度压力，使污泥再度脱水，然后喂入 S 形压榨段中，污泥被夹在上、下两层滤带中间，经若干个不同口径的滚筒反复压榨，这时对污泥造成剪切，促使滤饼进一步脱水，最后通过刮刀将滤饼刮落，而上、下滤带进行冲洗重新使用。

带式过滤机的主要配套设备包括空气压缩机、冲洗滤带水泵、水泵吸水管隔滤器、污泥调节泵（螺杆泵）、加药泵、调药搅拌槽、污泥混合器、静态混合器、皮带传送器及电气集中控制板等。

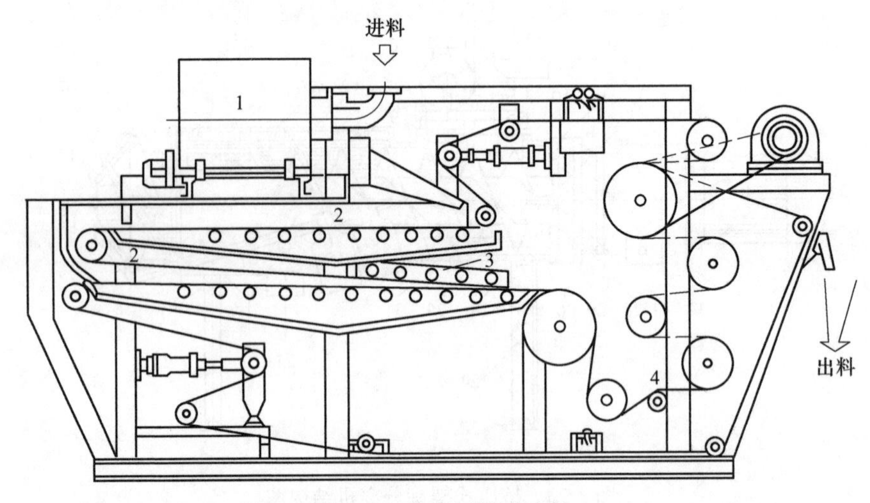

图 3-24　带式压榨过滤机

1—旋转混合器；2—重力脱水段；3—楔形压榨段；4—S 形压榨段

b　带式过滤机的特点

滤饼含水率低；污泥处理能力大；操作管理简便；无振动、无噪声、耗能低。

3.4.1.2　进料设备

根据原料 TS 浓度不同选用厌氧进料泵，低浓度可选用潜污泵、液下泵，高浓度可选用螺杆泵、螺旋输送机和液压固体泵。

A　潜污泵

潜污泵主要由无堵塞泵、潜水电机和机械密封三部分组成，通常采用大通道抗堵塞水力部件设计，能有效地通过直径 25～80mm 的固体颗粒。选择带有撕裂

机构的潜污泵，能把纤维状物撕裂、切断。潜污泵安装方便灵活，噪声小，缺点是输送含固率高的介质时易损坏，含固率高于4%时不宜选用。

大型潜污泵宜采用固定湿式安装，小型潜污泵可采用移动式安装（可带支架固定式安装，也可不设支架采用软管连接）。

B　液下式无堵塞排污泵

该泵适合安装在污水池或水槽的支架上，电机在上，泵淹没在液下，可用于固定或移动的地方。可按用户的使用要求选择伸入池下深度为1~2.5m不同规格。抽送介质的温度不超过80℃。pH值为6~9。安装要求如下：

（1）泵的吸入口距离池底部分应大于150mm。

（2）电机在未安装前，应接通电源试转，检查选装方向，如相反，需对调三项中的任何二相电源。

（3）装上电机，扳动联轴器，检查泵轴与电机是否同心，联轴器转动一周，端面间隙不超过0.3mm。

C　螺杆泵

螺杆泵是一种容积式泵，主要工作部件由定子和转子组成。转子是一个具有大导程，大齿高和小螺纹内径的螺杆，而定子是一个具有双头螺线的弹性衬套，相互配合的转子和定子形成了互不相通的密封腔。当转子在定子内转动时，密封空腔沿轴向泵的吸入端向排出端方向运动，介质在空腔内连续地由吸入端输向排出端。其结构见图3-25。

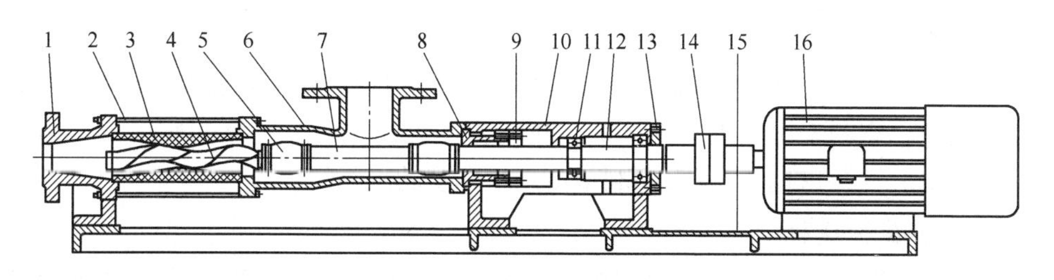

图3-25　螺杆泵结构图

1—出料体；2—拉杆；3—定子；4—螺杆轴；5—万向节或销接；6—进料体；7—连接轴；8—填料座；9—填料压盖；10—轴承座；11—轴承；12—传动轴；13—轴承盖；14—联轴器；15—底盘；16—电机

螺杆泵适合于高浓度物料的输送，但输送高磨损的介质时定子和转子较易损坏，需定期更换。运行维护费用较高。螺杆泵的主要特点如下：

（1）可实现液、气、固体的多相混输。

（2）泵内流体流动时容积不发生变化，没有湍流、搅动和脉动。

（3）弹性定子形成的容积腔能有效地降低输送含固体颗粒介质时的磨耗。

（4）可输送高黏度、高固含量的介质，某些产品可输送介质黏度达50000mPa·s，含固量达40%。

（5）流量和转速成正比，借助调速器可实现流量的调节。

（6）可实现恒压控制及防干运行保护。

D　切割机

切割机可和螺杆泵配合使用，输送固体和纤维含量高的物料。在螺杆泵前设置切割机保护泵和后续管道设备，防止缠绕、堵塞。见图3-26。

图3-26　切割机和螺杆泵

在介质输送过程中，切割机可自动而连续地切碎介质中的固体和纤维物质。刀盘的物料口设计为小方口，平面螺旋分布，刀片与刀盘的方口错开，瞬时只有一个刀刃切削，最大限度地减小切碎冲击和噪声。传动件、刀架体与主体设计为30°倾斜角，有利于切碎渣随液体的排出；为了容易排渣，主体的底板设计为向排渣口倾斜，打开排渣口就可顺利地清理主体腔的沉积物。

E　螺旋输送机

螺旋输送机适合于高浓度的厌氧进料，螺旋可直接把高浓度物料推进厌氧罐，同时带有密封装置，防止回流。进料口可设在厌氧罐的下部。

F　液压固体泵

经过将近20年的研发和应用，德国普茨迈斯特（Putzmeister）工业技术部积累了丰富的固体原料输送和进料的经验，开发了一系列用于输送固体有机垃圾的液压固体泵，其中部分型号的液压固体泵，不仅能将固体有机垃圾输送至厌氧发酵反应器，还能在输送过程中对杂物（如小刀、勺子、瓶盖、玻璃等）进行有效分离。这类固体泵，还可以正常输送2/3管径大小的杂物，例如，当输送管线直径为200mm时，物料中可允许存在的最大杂物粒径可达130mm。在输送时，物料完全在密封的管道内输送，输送环节不会出现泄露。

对于不同的物料，主要有以下 3 种系列的泵型可供选择。

a　单活塞液压固体泵（EKO 系列）

EKO 系列的固体泵适用于输送潮湿、破碎的秸秆类物料，其结构如图 3-27 所示。

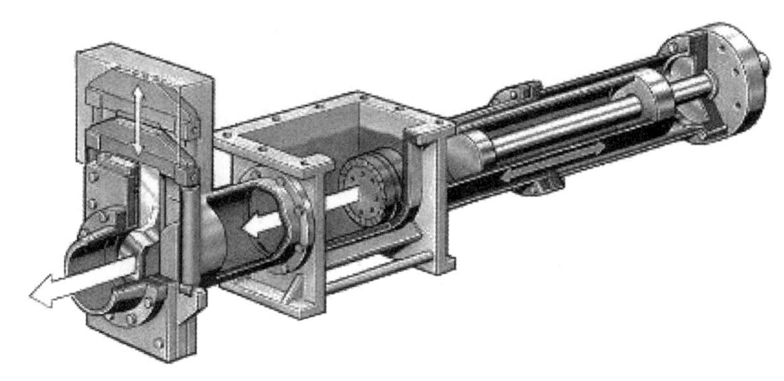

图 3-27　单活塞液压固体泵结构图

EKO 的冠状输送活塞头带有一个硬化的、带齿的切割边缘。这种泵适用于含有较大异物的物料，EKO 的冠状输送活塞头可实现物料的切割和输送同时进行。即使是易于架桥的干燥物料，也能实现长距离的输送。如果采用双缸 EKO 泵，还可以实现近似的连续泵送。其中，EKO 1060 PP 型能够从物料中分离出无机组分。

b　S 形摆管双活塞液压固体泵（KOS 系列）

该系列的固体泵用于输送绿色生活有机垃圾，其结构如图 3-28 所示。

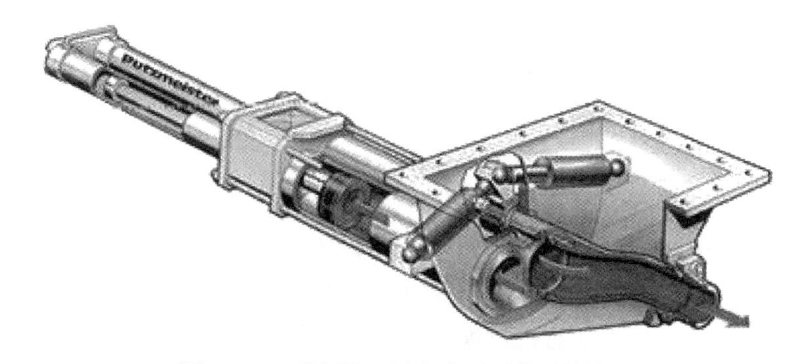

图 3-28　S 形摆管双活塞液压固体泵结构图

KOS 系列泵的最大特点就是其 S 形摆管。这种吸入和加压输出的连接方式，保证了一种几乎是连续的自由流输送物料的方式（没有阀体）。所泵送的物料中的单个杂物的最大尺寸可达到泵的出口直径的 50%。

c　球阀双活塞液压固体泵（KOV 系列）

该系列的固体泵适用于输送鸡粪和其他粪便的混合物，其结构如图 3-29 所示。

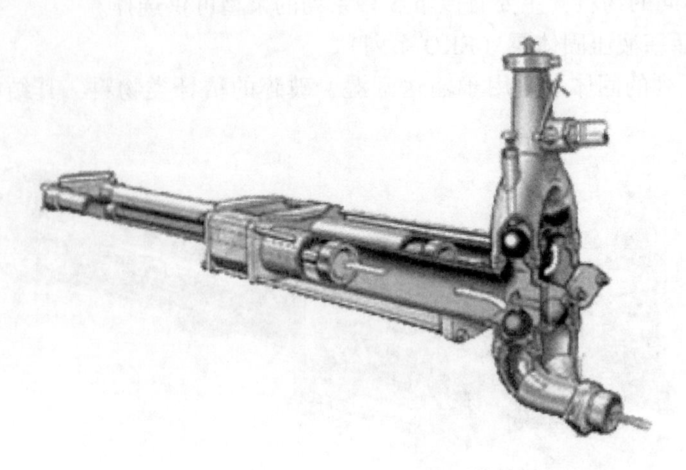

图 3-29 球阀双活塞液压固体泵结构图

d 液压提升阀泵（HSP 系列）

HSP 系列泵适用于输送含杂物较少和粒径小于 15mm 的糊状高黏度的物料，其结构如图 3-30 所示。

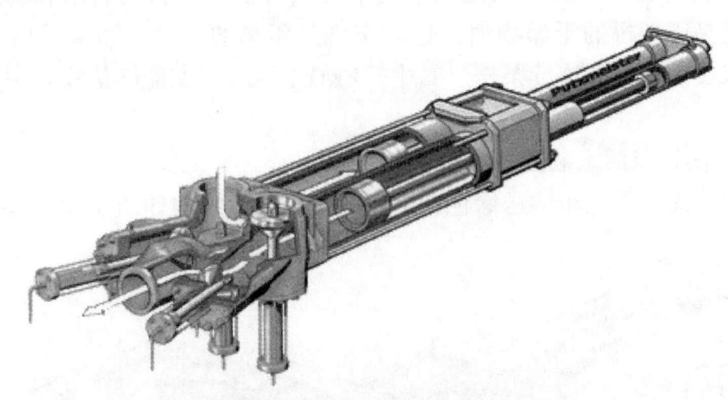

图 3-30 液压提升阀泵结构图

上述液压固体泵，已经在德国布鲁赫萨尔德 Jäger&Walz 的有机垃圾厌氧沼气工程、奥地利 Kössen 的 MUT 食品和餐厨垃圾厌氧沼气工程，以及本章前面介绍的 Dranco 和 Valorga 的生活有机垃圾干发酵工艺中成功应用多年。

3.4.1.3 搅拌机

预处理搅拌机主要应用于集水池、匀浆池和调节池的粪水搅拌均匀，防止颗粒在池壁池底凝结沉淀。主要有潜水搅拌机和立式安装搅拌机。

A 潜水搅拌机

潜水混合搅拌选用多级电机，采用直联式结构，能耗低，效率高；叶轮通过

精铸或冲压成型，精度高，推力大，结构紧凑。潜水搅拌机由螺旋桨、减速箱、电动机、导轨和升降吊架组成。其外观和型号说明见图 3-31。

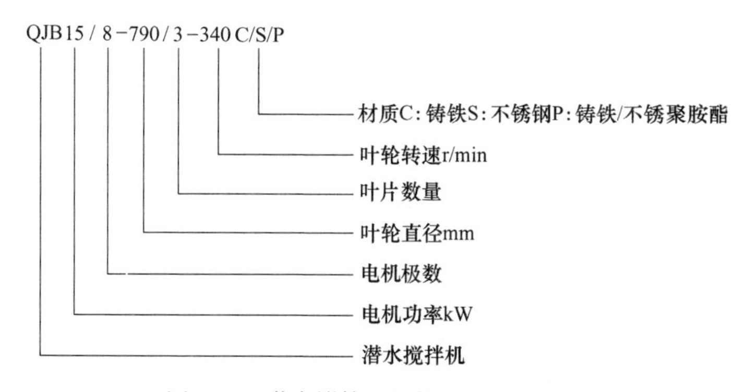

图 3-31 潜水搅拌机的外观和型号说明

B 立式搅拌机

根据选择的工艺路线不同，预处理中针对不同搅拌的要求可选择不同浆液形式的立式搅拌器。传统的框式搅拌器结构简单，但体积重量大，效率较低。推进式搅拌器和高效曲面轴流桨是典型轴流桨，适合低黏度流体的混合搅拌，具有低剪切、强循环、高速运行、低能耗的特点，适合于能源环保型。

能源生态型高浓度沼气发酵工程中匀浆池、进料池等需要搅拌的单元，粪浆 TS 浓度高、黏度高、含有一定的颗粒物，不适合采用常规的潜水/立式搅拌机。四折叶开启涡轮搅拌器具有循环剪切能力，中低速运行，适合于一定浓度和黏度的物料混合搅拌。

无论采取何种形式的搅拌器，都应注意物料中不应有杂物、塑料袋等易于缠绕搅拌器的杂物。

3.4.2 厌氧反应器结构

厌氧反应器是沼气工程最核心的部分。其结构形式也从一开始的传统钢筋混凝土结构、钢结构，发展到可机械化施工的利浦（Lipp）结构和搪瓷钢板拼装结构。

3.4.2.1 钢筋混凝土结构

钢筋混凝土构筑物在施工时应注意做好施工设计，安排好施工顺序，保证施工效率。优先安排厌氧罐等施工，将钢结构制作安装与土建工程施工进行交叉作业，待构筑物保养期满后，进行试水，然后做内密封层施工。待密封层充分干燥后进行防腐防渗涂料的施工，同时在厌氧罐外层做保温层施工。待密封层充分干燥后进行防腐防渗涂料的施工，同时在厌氧罐外层做保温层施工，以克服温差应力。其他构筑物、建筑物、工艺管道等也可交叉进行。最后完成电气设备的安装调试。

3.4.2.2 利浦（Lipp）结构

在大中型沼气工程中，用混凝土建造发酵罐由来已久，但其工序复杂、用料多、施工周期长，给施工带来许多不便。利浦制罐技术，实现了大中型沼气的现代化施工。不仅可以简化施工过程，节省材料，缩短施工周期，还可提高发酵罐密封质量。

A 利浦制罐技术特点

利浦制罐技术是德国人萨瓦·利浦（Xavef Lipp）的专利技术，它应用金属塑性加工硬化原理和薄壳结构原理，通过专用技术和设备将3~4mm厚的镀锌钢板或不锈钢复合板，按“螺旋、双折边、咬合”工艺建造成体积为100~3000m^{3}的利浦厌氧罐。利浦罐技术制作罐体自重仅为钢筋混凝土罐体的10%左右，为传统碳钢板焊接罐体的40%左右。在大中型沼气工程中，这种具有世界水平的制罐技术，已越来越多的用于卷制厌氧罐、贮气罐、沼液池等工艺装置，取得了良好的效果。

B 利浦罐卷制原理和设备

施工时将495mm宽的卷板送入成型机，钢板上部被折成“┌”形，下部被折成“└┘”形，在咬合机上薄钢板上部与上一层薄钢板的下部咬合在一起，在咬合成型之前，上层薄钢板的下部“└┘”形槽内被注入专用密封胶以确保池体不会沿着咬合筋渗水，整个咬合筋的成型为一连续的过程。已成型的圆形池体在支架上螺旋上升，当达到所需要的高度时，将上下端面切平，反转将池体落地，撤出支架与制作机械，并将罐体与基础底板连接、固定和密封，即完成了利浦罐体的制作（见图3-32）。

利浦设备适用材料很广泛，制作厌氧罐时，多采用3~4mm厚度的镀锌钢板，内衬0.35mm不锈钢薄膜，增强其防腐能力。利浦制罐设备包括以下几种。

（1）开卷机：要加工的材料放在开卷机上，开卷机将卷板展开。

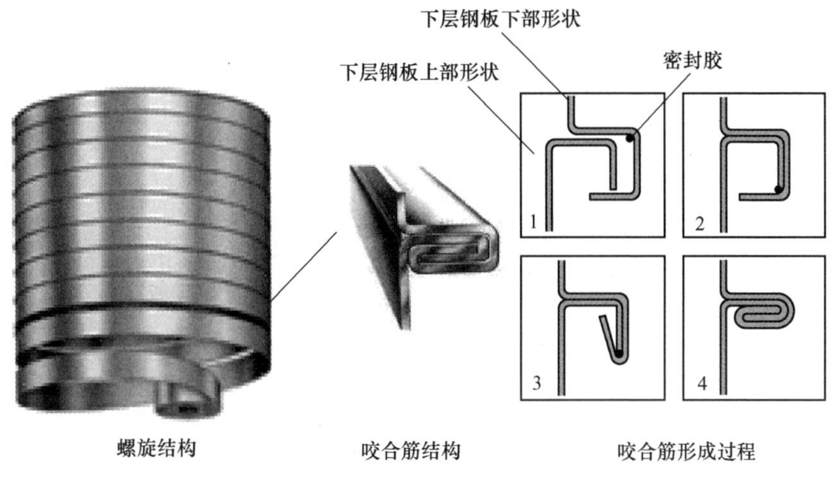

图 3-32　利浦罐加工制作过程图

（2）成型机：将材料弯曲并初步加工成型。同时把材料弯成卷仓直径所要求的弧度。

（3）弯折机：将初步加工成型配合好的材料弯折，咬口，轧制在一起，成为螺旋咬口的筒体。

（4）承载支架：按罐体所要求的直径，周围布置支架承载螺旋上升的罐筒。

（5）高频螺柱焊机：将加强筋通过螺柱与仓壁连接，改变了普通电弧焊接时对罐体材料的破坏使用。

C　利浦厌氧罐底板的设计

厌氧消化罐体通常直径和高度在 8～15m，罐体及底板受力都较大。虽然利浦罐体本身具有相当大的环拉强度，能够满足池体本身的强度要求，但是，厌氧罐下部设有人孔、进料管、排渣管、循环管等工艺管道接口，使得罐底结构处于不利条件。随着管内水压的升高，罐体本身的环向拉力增大，变形的可能性也逐步增大，特别是罐底部，反应更明显。因此，在厌氧罐底部设置一道环形圈梁，以限制罐体的变形，同时也相对降低了管内水头压力（等于圈梁高度）。为加强罐的整体稳定性，底板周围局部加厚，以增加基础与地基的摩擦力。

D　罐体与底板之间的密封设计

由于利浦罐体同钢筋混凝土底板完全不同，不能一次性完好地整体连接，通常采用预留槽定位密封。此种方式是按照罐体直径尺寸在底板上预留凹槽，并在槽中均匀布置一定数量的预埋件，待利浦罐体落仓后与之焊接或螺栓连接固定，凹槽内用细石膨胀混凝土浇捣密封，再用沥青、SBS 改性油毡分层沾在罐体与混凝土搭接处的一定范围之内，最后在罐内外的底板上均覆盖一定厚度的细石混凝土保护层，并在混凝土与罐体的接缝处以沥青勾缝。考虑到底板厚度的限制以及

罐体落仓时可能发生的误差，密封槽断面宽度设定为200mm，深度根据利浦罐体的直径和高度来定，通常为150~300mm不等。具体做法如图3-33所示。

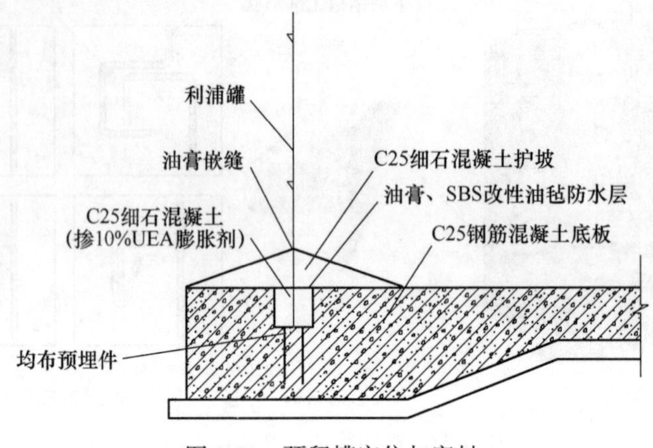

图3-33　预留槽定位与密封

E　利浦罐土建部分的施工

底板的施工除保证施工质量外，特别要做好底板内所有预埋件的定位埋设以及控制密封槽的尺寸误差。步骤如下：

（1）施工之前做好混凝土（标号C25）的级配和抗渗等级（S6）的试验。

（2）浇混凝土之前，检查复核底板中所有预埋件的定位尺寸与数量。

（3）密封槽应立模板，严格控制其尺寸落差，包括槽中心尺寸、宽度和深度，以确保罐体能定位落仓。

（4）现浇钢筋混凝土底板应连接浇注，一次成型，不得留有施工缝。同时做好混凝土的保温工作，控制混凝土因温差产生的变形裂缝。

（5）底板应有足够的保养期，当混凝土强度达到75%以上时才能卷制利浦罐体。

密封槽的施工是连接罐体与基础的重要工序，其施工好坏将直接影响到利浦罐的正常使用和整体形象。施工要点如下：

（1）在浇捣细石膨胀混凝土之前，应清除密封槽内的垃圾和松散的混凝土浮渣，然后湿润密封槽中的混凝土，并铺一层水泥砂浆，以提高细石混凝土同已凝固的钢筋混凝土底板的黏结性。

（2）细石膨胀混凝土标号不低于底板混凝土的标号（C25）。在浇捣过程中，严格控制水灰比在0.5以下，整个密封槽内要连接浇捣振实，一次成型。

（3）保养细石混凝土数目，待底板混凝土及槽内细石混凝土干燥后用油膏和SBS改型油毡分层铺设。特别在底板与细石混凝土搭接处、细石混凝土与利浦罐体接缝处适当涂厚。

（4）在油膏和SBS改性油毡成型后，浇捣细石混凝土斜坡，作保护层。斜

坡顶与利浦罐体接缝处勾缝，待混凝土保护层干燥后用沥青填实。

由于大中型沼气工程要求罐体材料必须具有高耐腐蚀性，因此卷制 Lipp 罐所用材料可采用镀锌板加防腐处理，或采用高质量的不锈钢复合板材料，即内层为 31630 不锈钢板。外层为高强度镀锌钢板，采用特殊的黏结材料与专用机械预先复合在一起，然后运至现场卷制罐体。Lipp 罐体上所用的工艺接口、搭接板和沿口型钢等均采用高质量不锈钢材料制作。罐体外侧可采用 PVC RAL6011 绿色环保漆作为防腐层与装饰层，罐体卷制完成后喷漆共二层以防止雾水对罐体的侵蚀。根据德国 Lipp 公司的经验，如采用高强度、高质量的罐体材料卷制的 Lipp 罐体其使用寿命可达 50 年。

3.4.2.3 搪瓷拼装结构

搪瓷拼装结构是德国 Farmetic 公司开发的制罐高新技术，该技术应用薄壳结构原理，采用预置柔性搪瓷钢板，以拴接方式拼装制成罐体，如图 3-34 所示。采用搪瓷钢板，现场拴接拼装可制成几百到几千立方米大小不等的罐体，具有施工周期短，造价低，质量高等优点。其施工周期比建造同样规模的混凝土罐可缩短 60%，罐体自重为混凝土罐的 10%，比普通钢板焊接罐节省材料达 50%以上，造价比混凝土罐和普通钢板焊接罐节省 30%，而且耐腐蚀，使用寿命长。

搪瓷钢板拼接制罐技术，关键在于整体设计合理的罐体材料结构，使钢材用量大大降低；特殊防腐材料的开发利用，解决了钢制罐体的腐蚀问题；以快速低耗的现场拼装方式最终成型，组成各种单元罐体设备。根据设计首先对钢板进行加工，然后进行搪瓷。搪瓷钢板不仅耐腐蚀，由于采用柔性搪瓷，钢板可现场弯曲拼装成圆形罐体。预制的搪瓷钢板采用拴接方式进行拼接，拴接处加特制密封材料防漏。

（1）板块的选择和加工。根据国内的钢板规格、搪烧设备的大小以及整体拼装的技术经济性等因素，其适宜的板块大小为：长×宽=(2~2.8)m×(1~2)m。板材厚度，经计算直径为 5~30m，高度为 6.5m 的搪瓷钢板拼装罐，所需板材的厚度仅为 1.0~3.0mm。考虑到罐体的刚度要求，采用 2.0~5.0mm 厚度的钢板即可满足工程要求。按设计要求剪裁好的钢板，再经钻制拴接螺孔和搪瓷后即可现场进行拼装。

（2）搪瓷钢板之间的拼装。搪瓷钢板之间的拼装采用了钢板相互搭接并用螺栓紧固的连接方式。在搭接的搪瓷钢板和螺栓之间镶嵌有特制密封材料。经一系列的试验测定，密封材料选用 HM106 型高强度放水密封剂。该密封剂是参照美国军标 MIL-S-38294 研制的，主要应用于飞机座舱、设备舱等口盖的密封。

（3）搪瓷钢板拼装罐的基础处理。搪瓷钢板拼装罐池底通常采用钢筋混凝土结构，由于搪瓷钢板罐所用材料较少，在基础承载力计算时几乎可以不考虑罐

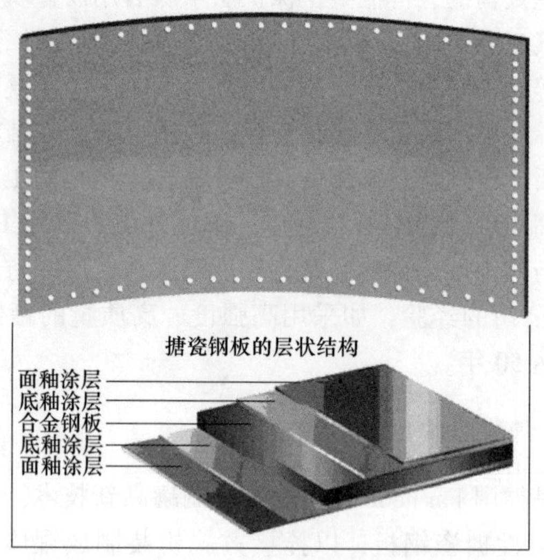

图 3-34　搪瓷钢板和搪瓷拼装罐

体自重对基础的承压要求。在基础地板浇注时按罐体直径在底板表面预留槽，槽内安放预埋件，罐体制作完成后放入预留槽内，用螺栓将罐体和预埋件固定。然后用膨胀混凝土和沥青等材料来密封，最后覆细石混凝土保护层。根据工艺要求，可将管道等设施实现预埋入基础中。

搪瓷钢板拼装罐不但建造省工省材，并且可以随意拆卸，重新安装到其他地点。拆下的搪瓷钢板可以重新利用，只需少量投资购买一些螺栓和密封胶即可。

3.4.2.4　产气、贮气一体化沼气技术

一体化厌氧罐，即在厌氧发酵罐顶部增加膜式沼气贮存柜，将发酵罐和贮气柜合二为一，可降低工程造价，节省工程占地面积，一体化厌氧罐的贮气柜在寒

冷季节能正常运行。一体化厌氧罐的罐体可采用钢结构或钢筋混凝土结构，顶部贮气柜可采用单膜或双膜结构，双膜结构的抗风、雪荷载能力、结构的稳定性都优于单膜，而成为目前沼气技术发达国家的主流形式。

一体化沼气发酵装置（见图 3-35）下部为发酵部分，罐体可以采用钢结构或钢筋混凝土结构，装置容积为 500~3000m^3 全部采用组合装配方式建造。罐内安装侧搅拌器或斜搅拌器，罐壁上安装增温管，利用发电机余热增温厌氧罐。罐体上部为双膜式柔性贮气柜，用于收集、贮存沼气。其中外膜保护并维持贮气柜的结构，内膜收集并贮存沼气。通过支撑鼓风机的充气，调整并维持内外膜之间夹层中的空气压力。

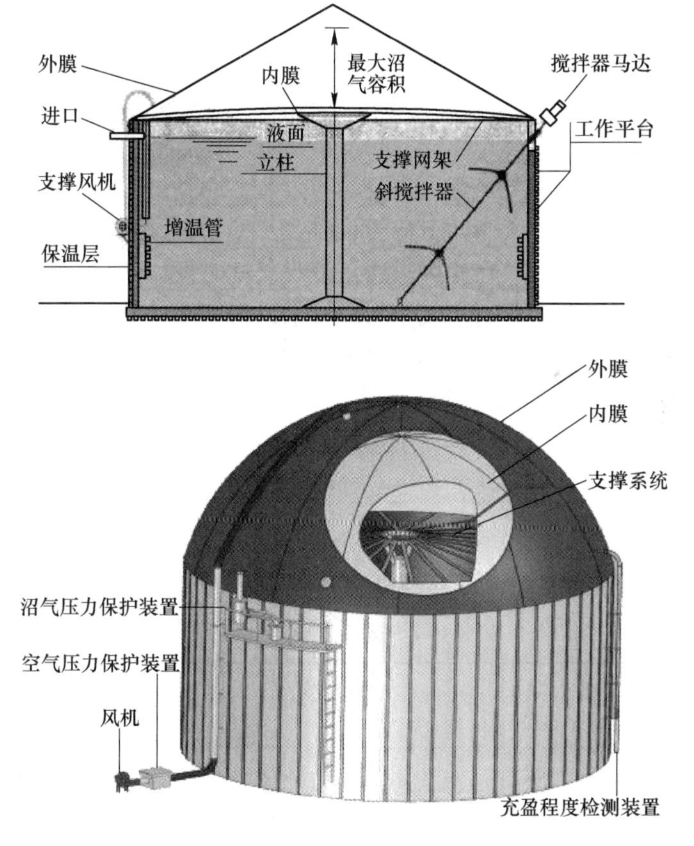

图 3-35　产气、贮气一体化沼气发酵装置

一体化厌氧罐的优势为：

（1）适合高浓度发酵原料：TS8%~12%。

（2）安全可靠：低压产气，低压贮气，防止沼气泄漏。

(3) 低成本：减少分体式气柜，工程造价降低15%。

(4) 占地面积小：减小装置规模，节省占地面积30%。

(5) 工期短：建设周期缩短50%。

(6) 寒冷地区冬季也能正常运行。

3.4.3 沼气净化

沼气的主要化学成分为CH_4和CO_2，还含有微量H_2、N_2、NH_3、H_2S和水蒸气。沼气的净化包括沼气的脱水、脱硫。沼气净化系统主要设备包括脱硫塔、气水分离器、凝水器、阻火器等。

3.4.3.1 脱水

沼气从厌氧发酵装置产出时，携带大量水分，特别是在中温或高温发酵时，沼气具有较高的湿度。一般来说，$1m^3$干沼气中饱和含湿量，在30℃时为35g，而到50℃时则为111g。当沼气在管路中流动时，由于温度、压力的变化露点降低，水蒸气冷凝增加了沼气在管路中流动的阻力，而且由于水蒸气的存在，还降低了沼气的热值。水与沼气中的H_2S共同作用，更加速了金属管道、阀门以及流量计的腐蚀或堵塞。另外，在使用干法化学脱硫的时候，氧化铁脱硫剂对沼气湿度也有一定要求。因此，应对沼气中的冷凝水进行脱除。常用的方法有两种：

(1) 采用重力法，既采用气水分离器，将沼气中的部分水蒸气脱除。

(2) 在输送沼气管路的最低点设置凝水器，将管路中的冷凝水排除。

A 气水分离器

沼气气水分离器一般安装在输送气系统管道上脱硫塔之前，沼气从侧向进入气水分离器，经过气水分离后从上部离开进入沼气管网。根据沼气量的大小，气水分离器的规格型号见表3-19，其示意图如图3-36所示。

表3-19 气水分离器规格型号

型号	气水分离器外径/mm	进出口管径/mm	适用情况
GS-600	ϕ600	DN150~200	沼气量≥1000m^3/d
GS-500	ϕ500	DN100~150	沼气量500~1000m^3/d
GS-400	ϕ400	DN50~100	沼气量≤500m^3/d

B 凝水管

一般安装在输送气管道的埋地管网中，按照地形与长度在适当的位置安装沼气凝水器。冷凝水应定期排除，否则可能增大沼气管路的阻力，影响沼气输送气

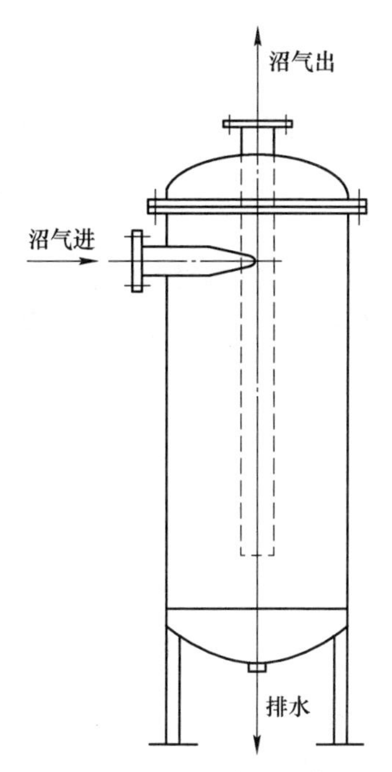

图 3-36 气水分离器示意图

系统工作的稳定性。凝水器有自动排水和人工手动排水两种形式，如图 3-37 所示。根据沼气量的大小，沼气凝水器的规格型号大致可见表 3-20。

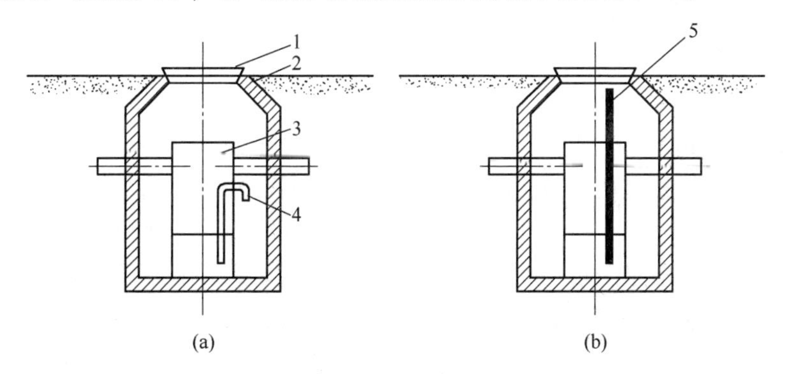

图 3-37 凝水器

（a）自动排水；（b）人工手动排水

1—井盖；2—集水井；3—凝水器；4—自动排水管；5—排水管

表 3-20 凝水器规格型号

型号	凝水器外径/mm	进出口管径/mm	适 用 情 况
NS-400	ϕ600	DN150~200	沼气量≥1000m^3/d
NS-350	ϕ500	DN100~150	沼气量 500~1000m^3/d
NS-300	ϕ400	DN50~100	沼气量≤500m^3/d

3.4.3.2 脱硫

沼气中通常含有 H_2S，是因为发酵原料中的硫酸盐（或亚硫酸盐）在厌氧消化过程中被还原所致。而且沼气中的 H_2S 含量受原料种类、发酵工艺的影响很大。H_2S 是一种有毒有害气体，在空气中或在潮湿的条件下，对管道、燃料器以及其他金属设备、仪器仪表灯有强烈的腐蚀作用。各种品牌的沼气发电机组厂商均要求，在沼气用作发电机组燃料时，沼气中 H_2S 含量不超过 300mg/m^3；作为管道燃气使用时，H_2S 含量不超过 15mg/m^3。在沼气使用前，必须脱除沼气中的 H_2S。

A 生物脱硫

所谓生物脱硫，就是在适宜的温度、湿度和微氧条件下，通过脱硫细菌的代谢作用将 H_2S 转化为单质硫。生物脱硫法是利用无色硫细菌，在微氧条件下将 H_2S 氧化成单质硫或稀硫酸。

反应过程为：

$$H_2S + 2O_2 \longrightarrow H_2SO_4$$

$$2H_2S + O_2 \longrightarrow 2S + 2H_2O$$

脱硫微生物菌群的作用结果是将沼气中的 H_2S 气体转化为单质硫和稀硫酸后达到沼气脱硫的效果。这种脱硫技术的关键是如何根据 H_2S 的浓度和氧化还原电位的变化来控制反应装置中溶解氧浓度。

本章作者从天然气脱硫厂污泥、污水处理厂好氧污泥、鸡粪堆肥场、硫铁矿、温泉中采样分离到 Paracoccus denitrificans、Paracoccus pantotrophus、Sphingobacterium spiritivorum、Pseudomonas monteilii、Paracoccus versutus 等 5 株脱硫效率较高的兼性营养型硫氧化细菌，硫化物去除率 95% 以上，单质硫转化率为 60.74%~84.28%。

根据操作方式的不同，可分为厌氧罐内生物脱硫和厌氧罐外生物脱硫。在前一工艺中，生物脱硫过程被放在厌氧发酵罐内完成，厌氧发酵罐兼有生产沼气和脱除 H_2S 双重功能，这种技术在我国已有中小型养殖场沼气工程中应用的例子。但由于发酵罐内工况复杂，脱硫反应过程的安全性得不到保证，再加上罐内生成的单质硫难以清除，该工艺在大型养殖场沼气工程中没有被应用。在厌氧罐外生物脱硫工艺中，生物脱硫过程被单独放在专用的生物脱硫塔内进行。在欧洲国家，生物脱硫已在沼气发电工程上广泛应用（见图 3-38）。

生物脱硫的优点是：不需要化学催化剂、没有二次污染；生物污泥量少；耗能少、处理成本低；H_2S 去除率高，可回收单质硫。生物脱硫既经济（运行成本大约是干法脱硫的 1/3）又无污染，是干法脱硫的理想替代技术。

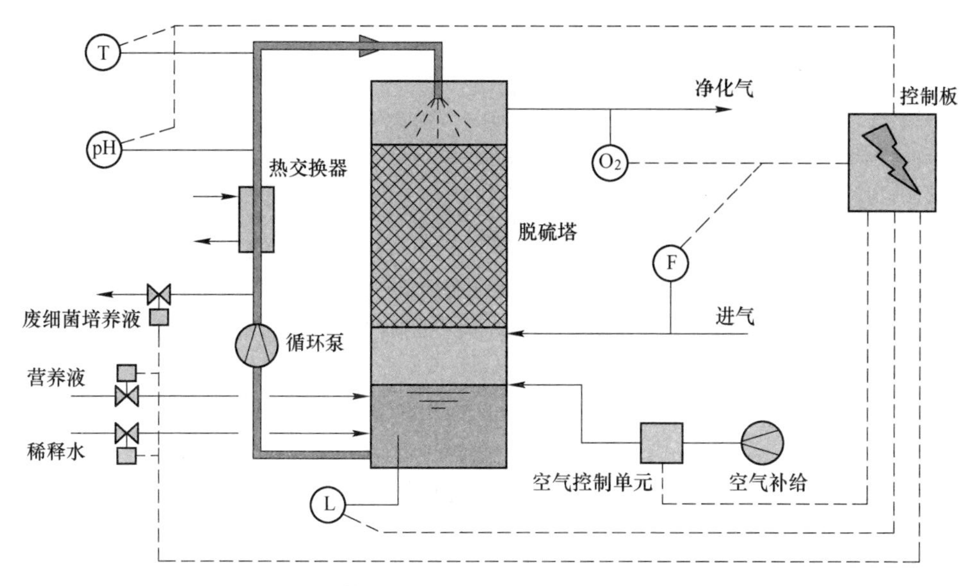

图 3-38 奥地利英环（EnvironTec）生物滤池脱硫工艺示意图

B 化学脱硫塔

目前，我国沼气工程上普遍采用干法氧化铁脱硫。常温下将沼气通过脱硫剂床层，沼气中的 H_2S 与活性氧化铁接触，生成三硫化二铁，然后含有硫化物的脱硫剂与空气中的氧接触，当有水存在时，铁的硫化物又转化为氧化铁和单质硫。这种脱硫再生过程可循环进行多次，直至氧化铁脱硫剂表面的大部分孔隙被硫或其他杂质覆盖而失去活性为止。脱硫反应方程式为：

脱硫反应 $Fe_2O_3 \cdot H_2O + 3H_2S \longrightarrow Fe_2S_3 \cdot H_2O + 3H_2O + 63kJ$

再生反应 $Fe_2S_3 \cdot H_2O + 1.5O_2 \longrightarrow Fe_2O_3 \cdot H_2O + 3S + 609kJ$

再生反应后的氧化铁可继续脱除沼气中的 H_2S。上述两式均为放热反应，但是，再生反应比脱硫反应要缓慢。为了使硫化铁充分再生为氧化铁，工程上往往将上述两个过程分开。

沼气工程中通常使用脱硫塔的形式，见图 3-39。沼气从底部进入，穿过脱硫吸附层后从顶部离开。根据沼气量的大小，常用的脱硫塔有以下几种规格（见表 3-21），一般为两只并联同时使用，维修或更换脱硫剂时可单只使用。

表 3-21 脱硫塔规格型号

型号	脱硫剂量/kg	进出口管径/mm	适 用 情 况
TS-1000	1000	DN150~200	沼气量≥1000m^3/d
TS-500	500	DN100~150	沼气量 500~1000m^3/d
TS-250	250	DN50~100	沼气量≤500m^3/d

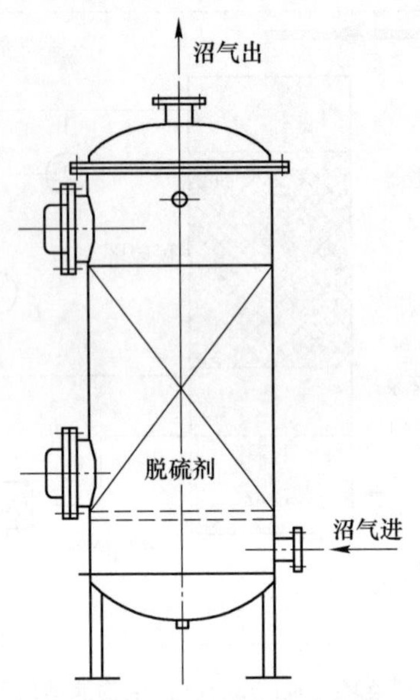

图 3-39　干式脱硫塔示意图

根据沼气中含硫量的大小，脱硫剂在使用一定时间后需要更换或再生。干式脱硫塔常用的成型常温氧化铁脱硫剂的物化性能与脱硫、再生的操作条件分别见表 3-22 和表 3-23。

表 3-22　脱硫剂的物化性能

型号	规格 /mm×mm	主要成分 Fe_2O_3	原料来源	堆溶度 /kg·L^{-1}	强度 /kg·cm^{-2}	比表面 /m^2·g^{-1}	气孔率 /%	工作硫容重/%
TG-1	ϕ6×(5~15)	50	硫铁矿灰	0.7~0.8	≥20	80	47	≥30
TTL-1	ϕ(2~4)×(5~15)	50	炼铁赤泥	0.65~0.75	正压 148N/颗 侧压 119N/颗	10.24	47	32~44.8

表 3-23　脱硫剂的脱硫与再生的操作条件

操作状态	定速/h^{-1}	压力/Pa	压降/Pa	温度/℃	水分/%	pH 值	线速度 /m·s^{-1}
脱硫	300~800	常压~3×10^6	80~120	20~40	10	8~9	0.10
再生	0.5~140	常压	3~5	30~60	10	8~9	—

3.4.3.3　阻火器

常用的沼气阻火器也分为干式和湿式两种，二者均安装在沼气管道中。

湿式阻火器是利用了水封阻火的原理，沼气经过罐内水层而被阻火。其缺点

是增大了管路的阻力损失，并有可能增加沼气中的含水量，同时在运行管理中要时刻注意罐内的水位，水位太高则增加了管道阻力，水位太低则可能会失去阻火的作用，而且在冬季阻火器内的水有可能会形成冰冻而阻塞了沼气输送管道。因此，在大中型沼气工程中一般采用干式阻火器。

干式阻火器也称为消焰器，是在输送气管道中安装一只中间带有铜网或铝网层的装置，其阻火原理是铜丝或铝丝能迅速吸收和消耗热量。使正在燃烧的气体的温度低于其燃点，将火焰就此熄灭，从而达到阻火的目的。铜丝或铝网的目数很小且有十几层间距相叠，当沼气中混入的空气量较少时，在阻火器与燃烧点之间的管道内会很快将空气耗尽，火焰自动熄灭。当沼气中混入的空气量较多时，火焰会将铜丝或铝丝熔化，熔化了的丝网形成一个封堵，将火焰完全封住。多层丝网阻火器的缺点是阻力较大，并且熔化后将完全不能工作。为了防止管道中的沼气压力损失过大，阻火器处的管道被局部放大，同时也要求定期清洗丝网上的污垢或更换丝网，安装时干式阻火器应尽量靠近燃烧点，以缩短回火在沼气管路中的行走距离。沼气干式阻火器的规格型号见表 3-24。阻火器属防爆安全设备，用户应向有资质的专业厂家订购。

表 3-24　干式阻火器规格型号

型号	阻火器尺寸/mm	进出口管径/mm	适用情况
HF-200	ϕ300	DN150～200	沼气量≥1000m^3/d
HF-150	ϕ250	DN100～150	沼气量 500～1000m^3/d
HF-100	ϕ200	DN50～100	沼气量≤500m^3/d

3.4.4　沼气储存

大中型沼气工程一般采用低压湿式贮气柜，少数用干式贮气柜或橡胶贮气袋来贮存沼气。大中型沼气工程，由于厌氧消化装置工作状态的波动及进料量和浓度的变化，单位时间沼气的产量也有所变化。当沼气作为生活用能进行集中供气时，由于沼气的生产是连续的，而沼气的使用是间歇的，为了合理、有效地平衡产气与用气，通常采用贮气的办法来解决。

用于发电项目的贮气柜容积按日产气量的 10%计算，用于民用贮气柜的容积按日产气量的 50%计算。常见的贮气柜形式有低压湿式贮气柜、低压干式贮气柜、双膜干式贮气柜和产气贮气一体式贮气柜等。

贮气柜属于易燃易爆容器，所以贮气柜与周围建筑物之间应有一定的安全防火距离，具体规定如下：

（1）湿式贮气柜之间防火间距，应等于或大于相邻较大柜的半径。

（2）干式贮气柜的防火距离，应大于相邻较大柜（罐）直径的 2/3。

（3）贮气柜与其他建筑、构筑物的防火间距应不小于相关规定中的防火距离。

（4）对容积小于20m³贮气柜与站内厂房的防火间距不限。

（5）罐区周围应有消防通道，罐区应留有扩建的面积。

3.4.4.1　低压湿式贮气柜

低压湿式贮气柜是可变容积的金属柜，它主要由水槽、钟罩、塔节以及升降导向装置所组成。当沼气输入气柜内贮存时，放在水槽内的钟罩和塔节依次（按直径由小到大）升高；当沼气从气柜内导出时，塔节和钟罩又依次（按直径由大到小）降落到水槽中。钟罩和塔节、内侧塔节与外侧塔节之间，利用水封将柜内沼气与大气隔绝。因此，随塔节升降，沼气的贮存容积和压力是变化着的。低压湿式贮气柜如图3-40所示。

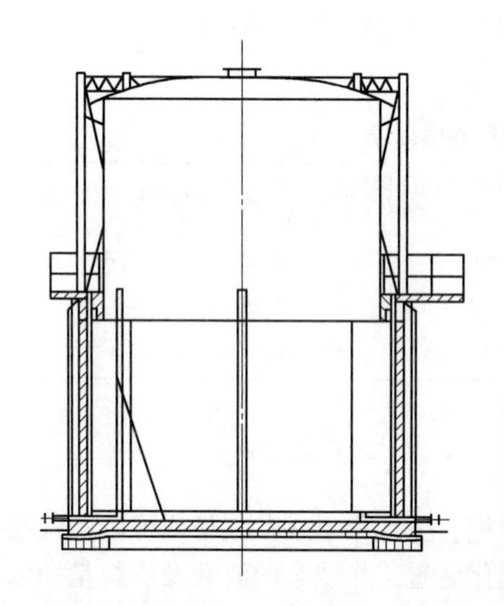

图3-40　低压湿式贮气柜

根据导轨形式的不同，湿式贮气柜可分为三种：

（1）外导架直升式气柜。导轮设在钟罩和每个塔节上，而直导轨与上部固定框架连接。这种结构一般用在单节或两节的中小型气柜上。其优点是外导架加强了贮气柜的刚性，抗倾覆性好，导轨制作安装容易。缺点是外导架比较高，施工时高空作业和吊装工作量较大，钢耗比同容积的螺旋导轨气柜略高。

（2）无外导架直升式气柜。直导轨焊接在钟罩或塔节的外壁上，导轮在下层塔节和水槽上。这种气柜结构简单，导轨制作容易，钢材消耗小于有外导架直升式气柜，但它的抗倾覆性能最低，一般仅用于小的单节气柜上。

（3）螺旋导轨气柜。螺旋形导轨焊在钟罩或塔节的外壁上，导轮设在下一节塔节和水槽上，钟罩和塔节呈螺旋式上升和下降。这种结构一般用在多节大型贮气柜上，其优点是没有外导架，因此用钢材较少，施工高度仅相当于水槽高度。缺点是抗倾覆性能不如有外导架的气柜，而且对导轨制造、安装精度要求高，加工较为困难。适用于大型沼气工程。

湿式气柜的优点：结构简单、容易施工、运行密封可靠。

湿式气柜的缺点：

（1）在北方地区，水槽要采取保温设施，或添加防冻液。

（2）水槽、钟罩和塔节、导轨等长年与水接触，必须定期进行防腐处理。

（3）水槽对贮存沼气来说为无效体积。

3.4.4.2 低压干式贮气柜

干式贮气柜又可分为刚性结构与柔性结构两种类型。刚性结构的干式贮气柜其整体由钢板焊接而成，一般适用于特大型的贮气装置如城市煤气贮配站等，其制作工艺要求很高，并配有成套的安全保护设备，因而其工程投资较大。

由杭州能源环境工程有限公司引进消化德国技术开发生产的利浦沼气柜结合了刚性结构干式贮气柜和柔性结构干式贮气柜的优点，既保证了其良好的安全性，较长的使用寿命，又使其单方投资额较低，同时，其施工周期也相对较短。利浦干式贮气柜的结构如图3-41所示。

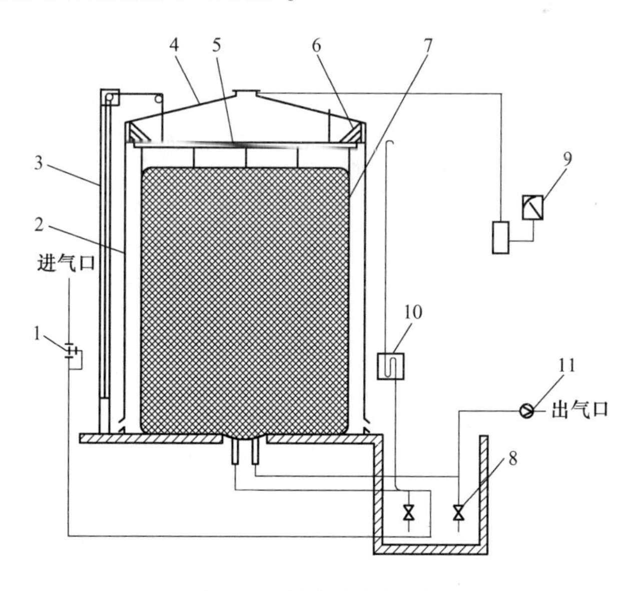

图3-41 利浦干式贮气柜

1—减压阀；2—保护壳；3—平衡器；4—顶盖；5—固环；6—限位架；7—气囊；8—凝水器；9—声呐仪；10—安全阀；11—管道泵

利浦贮气柜主要由一个柱状气囊和一个钢制保护外壳组成，柜顶及体（外壳）均由2mm镀锌卷板采用利浦双层弯折专利技术卷制而成，经济、合理、美观，用来保护气囊不受机械损伤及天气、动物等外界的影响。气囊由特种纤维塑料薄膜热压成型，低渗、高效防腐、抗皱，气囊上部紧固在一个固环上，固环与平衡装置通过绳索机械装置相连接，可以上下运动，保证在任何操作条件下都可达到储存与排放量相同。气囊底部分别设有进气孔与出气孔，避免进气、出气干扰。平衡装置上设一测量杆用于显示充气高度，也可在平衡块上设置限位开关来制约平衡以得到充气高度信号。或在罐顶采用超声波测距仪定位。

3.4.4.3 高压干式贮气柜

贮存压力最大约16MPa，有球形和卧式圆筒形两种。高压气柜没有内部活动部件，结构简单。按其贮存压力变化而改变其贮存量。容量大于120m^{3}者常选用球形，小于120m^{3}则多用卧式圆筒形。图3-42所示为高压干式贮气系统。

图3-42 高压干式贮存系统（缓冲罐—沼气压缩机—高压储气柜）

3.4.4.4 双膜干式贮气柜

双膜干式贮气柜通常由外膜、内膜、底膜和混凝土基础组成（见图3-43），内膜与底膜围成的内腔之间气密。外层膜充气为球体形状。贮气柜设防爆鼓风机，风机可自动调节气体的进、出量，以保持气柜内气压稳定。内外膜和底膜均由HF熔接工序熔接而成，材料经表面特殊处理加高强度聚酯纤维和丙烯酸酯清漆。贮气柜可抗紫外线、防泄漏，膜不与沼气发生反应或受影响，抗拉伸强度使用温度为-30~60℃。克服传统柔性干式贮气柜的缺点。

双膜干式贮气柜安装方便容易、费时少，一般只需要数天。沼气进、出气管

和冷凝排水管于混凝土基础施工时预埋，气柜安装时首先将其通过特殊的密封技术与底膜密封，底膜固定在混凝土基础上；之后依次安装内膜、外膜、密封圈，密封圈用预埋螺栓或化学螺栓固定在混凝土基础上，即完成气柜安装。双膜干式贮气柜在欧洲沼气工程中应用较多，目前国内也有少量应用，且有不同的规格型号。双膜干式贮气柜的造价低于湿式贮气柜30%～60%。

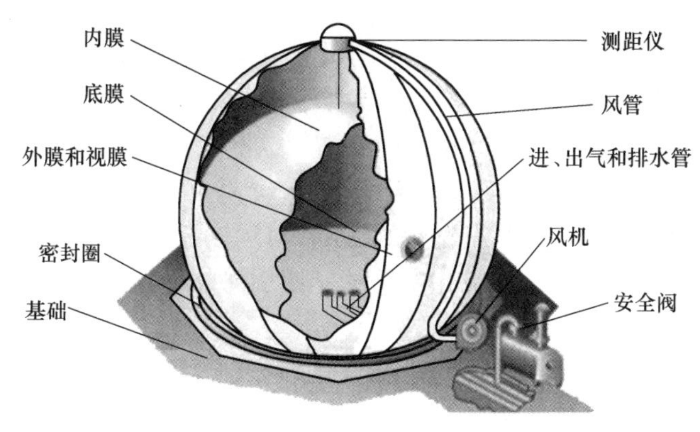

图 3-43　双膜干式贮气柜

3.4.5　沼气输送

3.4.5.1　钢管

钢管是燃气输配工程中使用的主要管材，它具有强度大、严密性好、焊接技术成熟等优点，但它耐腐蚀性差，需要进行防腐处理。钢管按制造方法分为无缝钢管及焊接钢管。在沼气输配中，常用直缝卷焊钢管，其中用得最多的是水煤气输送管网。钢管按照表面处理不同分为镀锌（白铁管）和不镀锌（黑铁管）；按壁厚不同分为普通钢管、加厚钢管及薄壁钢管三种。

小口径无缝钢管以镀锌管为主，通常用于室内，若用于室外埋地敷设时，也必须进行防腐处理。直径大于150mm的无缝钢管为不镀锌黑铁管。沼气管道输送压力不高，采用一般无缝管或碳素软钢制造的水煤气输送管网；但大口径燃气管通常采用对接焊缝或螺旋焊缝钢管。

钢管可以采用焊接、法兰和螺纹连接。

埋地沼气管道不仅承受管内沼气压力，同时还要承受地下土层及地上行驶车辆的荷载，因此，接口的焊接应按照受压容器要求施工，工程以手工焊接为主，并采用各种检测手段鉴定焊接的可靠性。有关钢管焊接前的选配、管子组装、管道焊接工艺、焊缝的质量要求等应遵照相应的规范。

大中型沼气工程的设备与管道、室外沼气管道与阀门、凝水器之间的连接，常以法兰连接为主。为保证法兰连接的气密性，应使用平焊法兰，密封面垂直于管道中心线，密封面间加石棉或橡胶垫片，然后用螺栓紧固。室内管道多采用三通、弯头、变径接头及活接头等螺纹连接管件进行安装。为了防止漏气，用管螺纹连接时，接头处必须缠绕适量的填料，通常采用聚四氟乙烯胶带。

3.4.5.2　塑料管

气输送工程中主要采用聚乙烯管，有的南方地区也常使用聚丙烯管，虽然聚丙烯管比聚乙烯管表面硬度高，但是耐磨性、热稳定性较差，其脆性较大，又因这种材料极易燃烧，故不宜在寒冷地区使用，也不宜安装在室内。聚乙烯管具有以下优点：

(1) 塑料管的密度小，只有钢管的1/4，对运输、加工、安装均很方便。

(2) 电绝缘性好，不易受电化学腐蚀、使用寿命可达50年，比钢管寿命长2~3倍。

(3) 管道内壁光滑，抗磨性强，沿程阻力较小，避免了沼气中杂质沉积，提高输送能力。

(4) 具有良好的挠曲性，抗震能力强，在紧急事故时可及时抢修，施工遇到障碍时可灵活调整。

(5) 施工工艺简便，不需除锈、防腐，连接方法简单可靠，管道维护简便。

但是采用塑料管时应注意：

(1) 塑料管比钢管强度低，一般只能用于低压，高密度聚乙烯管最高使用压力为0.4MPa。

(2) 塑料管在氧及紫外线作用下易老化，因此，不应架空铺设。

(3) 塑料管材对温度变化极为敏感，温度升高塑料弹性增加，刚性下降，制品尺寸稳定性差；而温度过低材料变硬、变脆，又易开裂。

(4) 塑料管刚度差，如遇到管基下沉或管内积水，易造成管路变形和局部堵塞。

(5) 聚乙烯、聚丙烯管材属于非极性材料，易带静电，埋地管线查找困难，用在地面上做标记的方法不够方便。

塑料管道的连接根据不同的材质采用不同的方法，一般来说有焊接、熔接及粘接等。对聚丙烯管，目前采用较多的是手工热风对接焊，热风温度控制在240~280℃。聚丙烯的粘接，最有效的方法是将塑料表面进行处理，改变表面极性，然后用聚氨酯或环氧胶黏剂进行黏合。

聚乙烯管的连接，在城市燃气管网中主要采用热熔焊，它包括热熔对接、承插热熔及利用马鞍管件进行侧壁热熔。另一种是电熔焊法，它是带有电热丝的管件，采用专门的焊接设备来完成的。当采用成品塑料管件时，可在承口内涂上较

薄的黏结剂，在塑料管端外缘涂以较厚的黏结剂，然后将管迅速插入承口管件，直至双方紧密接触为止。

聚乙烯管与金属管的热熔连接，熔接前先将聚乙烯胀口，胀口内径比金属管外径小0.2~0.3mm，并有锥度。连接时先将金属管表面清除污垢，然后将金属管加热至210℃左右，将聚乙烯管承口套入，聚乙烯管在灼热金属管表面熔融，呈半透明状，冷却后即能牢固地融合在一起，其接口具有气密性好、强度高等特点。此外，也可使用过渡接头。

3.4.6 仪表仪器

3.4.6.1 沼气流量计

A 涡街流量计

涡街流量计是利用流体绕流一柱状物时，产生卡门涡街这一流体振动现象制成的流量计。该流量计由装在管道内的检测器（检测元件）、检测放大器及流量显示仪组成。

涡街流量计的特点是：

（1）测定流量范围广，在较宽的雷诺数范围内输出频率与介质流速成良好的线性关系。

（2）因无运动部件，所以不会产生压差的变化，使用寿命长。

（3）压力损失小，输出的是与流速呈正比的脉冲频率信号，抗干扰能力强，可用于计量各种气体、液体和蒸汽。

（4）耐腐蚀，传感器表体零件采用1Cr18Ni9Ti材料制成。

（5）涡街流量传感器有法兰型和无法兰卡装型两种，它可以任意角度安装于管道上。

（6）信号可远距离传输，1000m距离不失真，可与计算机连用，集中管理。

安装时应注意以下几点：

（1）在涡街流量计传感器的上游侧应保证有≥12D的直管段，下游侧直管段长度为≥5D。

（2）在涡街流量计上游应尽量避免安装调节阀和半开状的阀门。

（3）如需要测压时，测压点设置在上游管道距离表体（1~2）D处，当需测量时，测温点设在下游管道距离表体（3~5）D处。

（4）与涡街流量传感器相接的管道，其内径应尽可能与传感器内径一致，若不一致应采用比传感器内径略大一些的管道，避免流体在表体内为扩管现象。

涡街流量计的流量范围见表3-25。其测试介质为空气，温度-3~35℃，压力101.325~107.325kPa。当测量的气体不是一般测试条件下的空气时，适用流量范围要随着工况条件而变化，实际可测量的工况适用流量范围，需根据工况条件另行计算。

表 3-25　涡街流量计适用流量范围

仪表口径 /mm	测量范围 $/m^3 \cdot h^{-1}$	输出频率范围 /Hz	仪表口径 /mm	测量范围 $/m^3 \cdot h^{-1}$	输出频率范围 /Hz
20	5.7~39	228~1560	100	140~930	44~297
25	8.8~60	176~1200	125	220~1450	37~244
40	22.6~150	113~750	150	320~2000	32~200
50	35~240	92~632	200	570~3500	23~141
65	60~390	70~460	250	880~530	18~110
80	90~600	57~385	300	1270~7630	15~92

B　涡轮气体流量计

涡轮气体流量计是在壳体内放置一轴流式叶轮，当气体流过时，驱动叶轮旋转，其转速与流量成正比，叶轮转动通过机械传动机构传送到计数器上，计数器把叶轮转速累计成立方米容积直接显示，如配置脉冲变送器后可实现远距离传送。

涡轮气体流量计具有精度高，耐高压，耐腐蚀，量程比一般为 10 : 1，适用流体温度范围广等特点。尤其是可以计量含有少量轻质油和水的天然气。

LWQ 型涡轮气体流量计的主要性能见表 3-26。

表 3-26　LWQ 型涡轮气体流量计的主要性能

型号	公称直径 D_N/mm	最小流量 $Q_{min}/m^3 \cdot h^{-1}$	公称流量 $Q_n/m^3 \cdot h^{-1}$	最大流量 $Q_{max}/m^3 \cdot h^{-1}$	使用压力 p/MPa	计量精度
LWQ-50/65B	50	20	65	100	0.003~1.0/0.003~2.5	±2.5% ±1.5%
LWQ-80/160B	80	25	160	250	0.003~1.0/0.003~2.5	±2.5% ±1.5%
LWQ-100/400B	100	65	400	650	0.003~1.0/0.003~2.5	±2.5% ±1.5%
LWQ-150/1000B	150	200	1000	1600	0.003~1.0/0.003~2.5	±2.5% ±1.5%

安装时应注意以下几点：

(1) 安装前先用微小气流吹动叶轮时，叶轮能灵活转动，无不规则噪声，计数器转动正常，无间断卡滞现象，则流量计可安装使用。

（2）该流量计一般为水平安装，必要时亦可垂直安装。

（3）流量计前直管段长度应≥10D；流量计安装后端直管段长应≥5D。

（4）直管径与标准法兰须先焊好，法兰盘连接处管道内径处不应有凸起部分，焊好后与流量计相连接。

（5）如对流量计的机芯拆散整理，在重新使用前，需按最大使用压力进行密封试验。

（6）定期向滚动轴承注油孔内注入 T4 号精密仪表油或变压器油，一般 3~6 个月注油一次；如条件恶劣、工作负荷大则应 15~30 天注油一次。

（7）流量计出厂超过半年，应先注油、标定后，方可投入使用。

C 罗茨流量计

罗茨流量计是一种容积式流量计，它有一个用铸铁或铸钢制成的壳体，内部装有两个“8”字形的转子，两转子的两轴端分别装有两对同步齿轮，使两转子安装成互为90°并有一定间隙；壳体两端分别设有端盖和齿轮箱，有一根转子轴与计数器输入轴连接，通过减速机构在指示窗上显示计量容积。两转子和壳体、端盖形成了计量室；表的各部件都经过精密的机械加工、各传动部件处都装有精密的高级滚球轴承。

JLQ 系列罗茨流量计的规格型号见表 3-27，工作温度－10~80℃，最大工作压力 0. 1MPa。

表 3-27 JLQ 系列罗茨流量计

型号	公称直径 /mm	最小流量 /$m^3 \cdot h^{-1}$	流量范围 /$m^3 \cdot h^{-1}$	灵敏限 /$m^3 \cdot h^{-1}$	压力损失 /kPa
JLQ-25	25	20	4~20	0. 5	0. 25
JLQ-50	50	60	6~60	2. 0	0. 25
JLQ-80	80	130	13~130	2. 5	0. 3
JLQ-100	100	220	22~220	3. 5	0. 3
JLQ-150	150	300	30~300	4. 0	0. 3
JLQ-200	200	700	70~700	10	0. 4

安装使用时应注意以下几点：

（1）安装时应选择扰动小，工作压力较平稳的场所，与配管连接时不应给流量计增加外力。

（2）安装前应严格清洗管道，在进口端应装过滤器，如气体中含有液体时，应装气-液分离器。应经常检查及清洗过滤器，如滤网有破裂，必须及时更换。

（3）流量计进气端应装稳压阀及压力表。流量计应垂直安装，即法兰轴线垂直于地面，由上端进气，下端出气，表头应略高于水平线。

（4）安装前必须用汽油或煤油将计量室内表面所涂的防锈油冲洗干净，并严格清除管道杂质。

3.4.6.2 沼气成分监测仪

沼气成分监测仪被安装在沼气管路上用来间歇或连续监测沼气成分的变化。可以监测的成分有：CH_4、CO_2、H_2S、O_2。进行沼气监测的主要目的如下：

（1）监测沼气中主要可燃组分 CH_4的变化，以便进行调整沼气发电机组空燃比。

（2）监测沼气中 H_2S 和 O_2的量，以便调整生物脱硫塔或化学脱硫塔的相关工艺参数。

（3）对沼气中易燃、易爆气体进行报警，保证生产安全。

图 3-44（a）所示为一种常见的在线式沼气成分监测仪。它的检测范围：CH_4：0～100%；CO_2：0～50%；O_2：0～21%；H_2S：0～2000×10^{-6} mg/m^3。另外，还有便携式沼气分析仪，如图 3-44（b）所示。

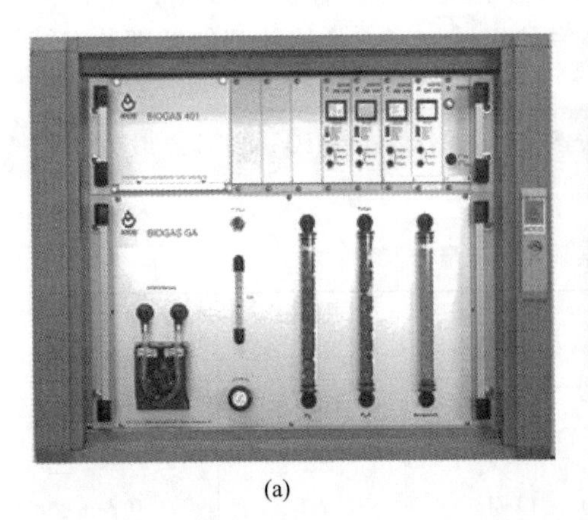

(a)

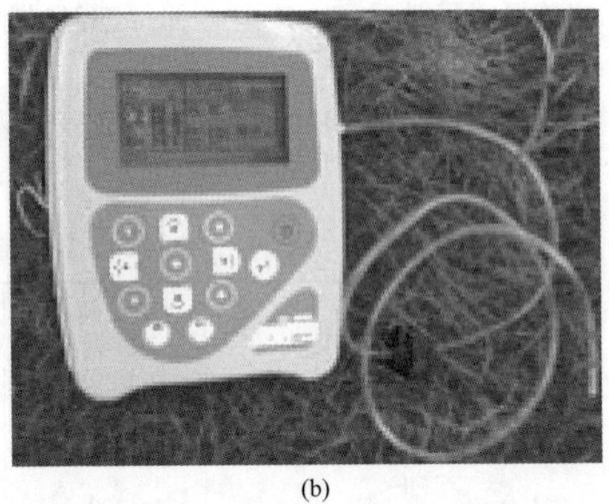

(b)

图 3-44　沼气分析仪

3.4.7 沼气利用

3.4.7.1 沼气发电

从发酵罐中出来的沼气通常含有 H_2S、水蒸气等杂质，且流量不太稳定，不能直接用于发电机组。要经过脱硫、脱水等净化处理，为调节峰值，需设贮气柜。沼气的热值在 20～23kJ/m^3左右。根据经验，国产机组 1m^3沼气（CH_4含量 55%～65%之间）可发电 1.7kW·h 左右，电效率在 30%～35%之间，性能参数见表 3-28；国外机组可以达到 2.0～2.2kW·h，电效率 35%～42%，总效率在 85%以上，性能参数见表 3-29。

表 3-28 国内某品牌发电机性能参数

型号	额定功率 /kW	额定转速 /r·min^{-1}	燃气量 /m^3·(kW·h)$^{-1}$	缸数	质量 /kg
40 GF-NK	40	1500	0.66	8	2020
60 GF-NK	60	1500	0.66	12	2410
80 GF-NK	80	1500	0.66	12	2530
140 GF-NK	140	1500	0.66	12	3100
12v190M2	450	1000	0.66	10	5300

表 3-29 国外某一品牌发电机性能参数

型号	额定功率 /kW	额定转速 /r·min^{-1}	缸数	电效率 /%	热效率 /%	总效率 /%
TCG 2016 V8 K	350	1500	8	36.9	48.5	85.3
TCG 2016 V12 K	525	1500	12	37.7	47.7	85.4
TCG 2016 V16 K	700	1500	16	37.8	47.8	85.6
TCG 2020 V12	1200	1500	12	43.0	42.7	85.6
TCG 2020 V16	1600	1500	16	42.5	43.2	85.7
TCG 2020 V20	2070	1500	20	42.8	43.0	85.8

A 沼气发电特点

（1）可实现热电联产，发电机可回收利用的余热有缸套水冷却系统和烟气回收系统。另外，有些机组的润滑油冷却系统和中冷器也可实现余热回收。发电机组热效率可达40%以上。发电机组回收的热量冬季可用于发酵罐的增温保温，以保证罐内发酵温度。另外，多余热量可用于居民采暖或蔬菜大棚等的供暖，节省燃煤。在夏季，发电机组余热可用于固态有机肥的干化处理，也可以与溴化锂吸收式制冷机连接，作为空调制冷。

（2）由于沼气中 CO_2 的存在，它既能减缓火焰传播速度，又能在发动机高温高压下工作时，起到抑制“爆燃”倾向的作用。这是沼气较甲烷具有更好抗爆特性的原因。因此，可在高压缩比下平稳工作，同时使发动机获得较大效率。

（3）沼气发电机组对沼气有一定的要求，具体见表 3-30。

表 3-30 沼气发电机组对沼气品质的要求

沼气品质	数量	沼气品质	数量
甲烷含量/%	>50	杂质颗粒大小/μm	<0.15
最大甲烷含量变化速度/%·min^{-1}	0.2	沼气温度/℃	10~40
沼气的杂质含量		允许最大温度变化梯度/%·min^{-1}	1
H_2S/mg·MJ^{-1}(mg/Nm^3)	<20(300)	相对湿度/%	10~50
Cl/mg·MJ^{-1}	<19	沼气的压力范围/kPa	1.5~10
NH_3/mg·MJ^{-1}	<2.8	压力波动/kPa	±0.1
油分/mg·MJ^{-1}	<1.2	沼气热值/MJ·Nm^{-3}	>16
杂质/mg·MJ^{-1}	<1.0		

B　沼气发电前的预处理工作

沼气可以作为燃气，供发电机组或锅炉、火炬使用。但是沼气中含有大量的有害成分和水气，严重影响燃气发动机和锅炉的运行，因此需要沼气预处理系统去除这些杂物。

沼气预处理系统被安装在燃气发电机组或锅炉之前，去除垃圾填埋气中的有害成分和水气，是垃圾填埋场填埋气利用中的关键设备。以下简要介绍国内一款应用于众多填埋气发电工程的填埋气预处理模块，该设备由上海达熠电气技术有限公司生产。性能特点：

整体撬座设计，底座热浸镀锌防护，有效抵挡垃圾填埋场气体侵蚀，寿命20年，除湿脱水，相对湿度小于80%，过滤、降低气体粉尘杂质含量和颗粒度，颗粒度小于3μm。

PID控制，自动跟踪、稳压气体压力。

自动排水。

变频控制，流量稳定。

风机超压报警、保护；气体温度监控、自动调节。

配置气体在线检测仪器，及时检测气体组分变化，气体组分异常报警、停机。

远程监控，及时提示，服务用户。

检测记录垃圾填埋场填埋气的产气规律，保证垃圾堆体安全。

匹配的气体预处理装置可以对发电机组进行定热值运行控制，提高机组的稳定性和运行效率。

预处理系统安全可靠，无故障运行时间大于8000小时/年。安装、维修方便，能耗、运行成本低。

规格参数：

流量（标态）：100~15000m^3/h；

进气温度：10~40℃；

进气压力：−20kPa（最大）；

进气相对湿度：100%RH；

进气颗粒物粒径：30μm；

进气含硫量（H_2S）：≤10000×10^{-6}；

出气温度：≤50℃；

出气压力：35kPa；

出气相对湿度：≤80%RH；

出气颗粒物粒径：≤3μm。

应用领域：新能源利用（包括：垃圾填埋气、农村养猪场沼气、生物质气

体、煤层气、污水处理厌氧发酵及其他）等领域。集装箱式预处理模块见图 3-45，室外撬装式预处理模块见图 3-46。

图 3-45　集装箱式预处理模块

图 3-46　室外撬装式预处理模块

C　发电机组成

沼气发电是一个能量转换过程。沼气经净化处理后进入燃气内燃机，燃气内燃机利用高压点火、涡轮增压、中冷器、稀薄燃烧等技术，将沼气中的化学能转化为机械能。沼气与空气进入混合器后，通过涡轮增压器增压，冷却器冷却后进入气缸内，通过火花塞高压点火，燃烧膨胀推动活塞做功，带动曲轴转动，通过发电机送出电能。内燃机产生的废气经排气管、换热装置、消声器、烟囱排到室外。图 3-47 所示分别为 GE 颜巴赫普通式和集装箱式沼气发电机组外观。

图 3-47　GE 颜巴赫普通式和集装箱式沼气发电机组

构成沼气发电系统的主要设备有燃气发动机、发电机和余热回收装置：

(1) 燃气发动机。用沼气作动力燃料的内燃机需根据动力机情况进行改装，当用柴油机改烧沼气时，需要进行以下工作：

1）为降低压缩比及燃烧室形状所必须的机器改装；

2）设计沼气的进气系统和沼气-空气混合器结构；

3）设计气体调节系统及与其调速器的联动机构；

4）设计点火系统。

根据燃气发动机压缩混合气体点火方式的不同分为：由火花点火的燃气发动机和由压缩点火的双燃料发动机。火花点火式燃气发动机是由电火花将燃气和空气混合气体点燃，其基本构造和点火装置等均与汽油发动机相同。这种发动机不需要引火燃烧，因此，不需设置燃油系统，如果沼气供给稳定，则运转是经济的。但当沼气量供应不足时，有时会使发电能力降低而达不到规定的输出功率。压燃式燃气发动机只是为了点火采用液体燃料，在压缩程序结束时，喷出少量柴油并由燃气的压缩热将油点着，利用其燃烧使作为主要燃料的混合气体点燃、爆发。而少量的柴油仅起引火作用。

双燃料发动机是可烧两种燃料的发动机，它是压缩点火方式，机内装有燃气供给系统、供气量控制装置和沼气-柴油转换装置。双燃料发动机先由柴油启动，当负荷升高以后才转换为沼气运转。

根据德国沼气工程的经验，大型沼气发电机组均采用纯沼气的内燃发动机，中小型的工程多采用双燃料（柴油+沼气）的发动机。

(2) 发电机。发电机将发动机的输出转变为电力，而发电机有同步发电机和感应发电机两种。同步发电机能够自己发出电力作为励磁电源，因此，它可以单独工作。

(3) 余热回收装置。发电机组可利用的余热有中冷器、润滑油、缸套水和烟道气等。有些余热利用系统只对后两部分回收利用，有些则可实现上述四部分回收

利用。经过一系列换热，可以从机组得到90℃的循环热水47.5m³/h，供热用户使用。使用完后，循环水冷却至70℃左右，重新进入余热回收系统进行增温。

3.4.7.2 沼气锅炉

沼气锅炉可采用热水锅炉，也可采用蒸汽锅炉，主要取决于对热能形式的需要。沼气锅炉的热效率较高，一般在90%以上，即沼气锅炉能把沼气中能量的90%以上转化为热水或蒸汽加以利用，高于其他沼气应用方式的转换效率。

在使用沼气作为锅炉燃料时有两种情况，第一种，在沼气产量不很充足时，将沼气作为辅助燃料，与煤进行混燃。通常在普通煤锅炉（一般6t/h以下）上改装，选择或制造适合该锅炉的沼气燃烧器，其优点是安全性较好，并能提高燃煤的效率。而缺点是如果脱硫不干净，有可能损伤锅炉。第二种是采用专门设计的燃气锅炉，由于采取了全自动的安全检查，吹风，点火等措施，使用方便，热效率较高，安全性也较好。沼气锅炉见图3-48。沼气蒸汽锅炉和沼气热水锅炉的型号与技术指标分别见表3-31和表3-32。

图3-48 沼气锅炉

表3-31 沼气蒸汽锅炉的型号与技术指标

指标	型号					
	WNS0.5	WNS0.75	WNS1	WNS1.5	WNS2	WNS2.5
额定蒸发量/t·h^{-1}	0.5	0.75	1.0	1.5	2.0	2.5
额定蒸汽压力/MPa	1.0	1.0	1.0	1.0	1.0	1.0
额定蒸汽温度/℃	184	184	184	184	184	184
给水温度/℃	20	20	20	20	20	20
锅炉效率/%	≥87	≥87	≥87	≥87	≥87	≥87
耗气量/m³·h^{-1}	92	138	184	276	368	460
耗电量/kW	0.37	1.1	1.1	2.2	3.0	7.5
满水容积/m³	1.4	2.6	3.4	4.7	4.7	5.4
重量/t	2.76	2.87	4.2	5	7.6	7.8

表 3-32 沼气热水锅炉的型号与技术指标

指标	型号					
	WNS0.35	WNS0.53	WNS0.7	WNS1.05	WNS1.4	WNS1.75
额定蒸发量/$t \cdot h^{-1}$	0.35	0.53	0.7	1.05	1.4	1.75
额定蒸汽压力/MPa	0.7	0.7	0.7	0.7	0.7	0.7
额定蒸汽温度/℃	95	95	95	95	95	95
给水温度/℃	70	70	70	70	70	70
锅炉效率/%	≥87	≥87	≥87	≥87	≥87	≥87
耗气量/$m^3 \cdot h^{-1}$	85.8	117	172	258	344	430
耗电量/kW	0.37	1.1	1.1	2.2	3.0	3.0
满水容积/m^3	1.33	1.5	1.5	2.6	4.0	4.5
重量/t	2.68	2.8	3.1	5.0	6.5	7.1

3.4.7.3 民用燃气

沼气作为民用燃料是最常应用的沼气利用方式。沼气的热值常在 5000～6000kcal/m^3，高于城市煤气而低于天然气，是一种优良的民用燃料。沼气在经过净化、脱水和过滤后通过沼气输送管道进入用户，整个输配气系统类似于城市煤气。但由于沼气的燃烧速度较低，其燃烧器需要专门设计或到专用设备厂商处购买，一般采用大气式燃烧器，燃烧器的头部一般均为圆形火盖式，火孔形式有圆形、方形、梯形、缝隙形。

4 有机垃圾干式厌氧消化技术介绍

4.1 干式、湿式厌氧消化工艺的区别

湿式厌氧消化（以下简称湿法）是指原料中固体含量在15%以下，进罐物料含固率控制在8%~10%，粒径在15mm以下，发酵物料呈良好流动态的液状物质的厌氧发酵。湿式发酵工艺需要对垃圾进行预处理以达到含固率的要求，湿式消化罐受垃圾杂质影响较大，对分选除杂要求较高。湿法发酵含固率低，处理设施要求空间加大，沼液产生量大，后续处理困难。

湿法工艺适用于处理含水量较高的餐饮垃圾和污泥等，也可用于处理分选后的厨余有机垃圾，但是需要进行压榨或稀释预处理，水耗和能耗均较高。

相对于湿法工艺，干法工艺适用于发酵原料总固体含量在20%~35%的有机固体废弃物，如生活垃圾、厨余垃圾，这些含固率较高的物料在经过预处理后，呈现出一定的流动性或者呈半固态形式。干法发酵工艺含固率较高，占地空间较小，流程简单，能耗低，沼液产生量少。要求分选工艺合理、可靠，对大粒径杂质塑料袋、橡胶和石块等要求较高，对小粒径砂土等要求较低。

干法工艺适用于处理含水量较少，经过严格分选后的有机垃圾。对分类收集的厨余垃圾处理效果更好。两种厌氧工艺对比见表4-1。

表4-1 中温干法/湿法厌氧发酵工艺对比表

项目	干法厌氧发酵	湿法厌氧发酵
适应性	含固量大于24%的生活垃圾、厨余垃圾	含固量小于15%的有机垃圾
处理对象	分选后的混装生活垃圾、厨余垃圾	餐厨垃圾、有机垃圾的湿组分，或是稀释后的有机垃圾
技术可靠性	可靠，国内外有一定经验	可靠，国内外有一定经验
操作安全性	好，与操作管理有关	好，与操作管理有关
设备可靠性	取决于分选系统优劣	设备材质要求高，机械磨损大
有机负荷率	相对较高	相对较低
占地	相对较小	相对较大
停留时间	30天以上	20~30天
搅拌方式	沼气气提搅拌、机械搅拌	沼气搅拌、机械旋桨搅拌
沼渣处置	可用于堆肥或填埋	离心脱水后可用于堆肥或填埋

续表 4-1

项目	干法厌氧发酵	湿法厌氧发酵
沼液产量	较少	较多
沼气产量	较高	较高
管理要求	操作管理要求较高	操作管理要求较高
单位投资	较高	一般
运行成本	一般	较高，污水处理费用大

4.2 干式厌氧处理工艺介绍

目前，国外的干式厌氧技术已经发展和应用得非常成熟，而国内自主研发的干式厌氧技术在大型工业项目上的应用还较少。国外较有代表性的干式厌氧技术主要分布在欧洲，其中最主流、应用业绩较多的几项干式厌氧技术包括：

（1）法国 Valorga International S. A. S 公司的立式仓筒型干式发酵系统。

（2）瑞典 Axpo 公司的 Kompogas 卧式圆筒型干式发酵系统。

（3）德国 Strabag 公司的 LARAN 卧式方形干式发酵系统。

（4）比利时 OWS 公司的 Dranco 立式储存桶型干式发酵系统。

以下对这四种代表性技术进行简单介绍和对比。

4.2.1 法国 Valorga International S. A. S 立式仓筒型干式发酵系统

（1）处理对象。生活垃圾、农业垃圾、工业有机垃圾、餐饮、厨余、污泥等有机垃圾。

（2）工艺流程及厌氧设备。厌氧发酵对象经过破碎、筛分和磁选后进入厌氧罐进行厌氧发酵。工艺流程和厌氧设备如图 4-1 和图 4-2 所示。

（3）进料出料及罐内物料运移方式。柱塞泵进料，每天进料一次，一次进料数小时，从圆柱形罐的一侧进入，利用脉冲注入压缩的沼气混合，压缩沼气约 5~8 个大气压，物料绕过罐体中心的隔墙后从罐的另一侧由罐体底部重力排料。

（4）厌氧发酵参数。

进料粒径尺寸：<6cm

发酵温度：35℃或 55℃

停留时间：约 15d(55℃) 或 30d(35℃)

进料 TS：约 40%

罐内物料平均 TS：25%~35%

容积负荷：6~11kg/(m^3 · d)(TS)

罐体有效容积：4200m^3

全世界已建成 30 多座使用 Valorga 工艺的工厂，亚洲已建成 3 座应用 Valorga

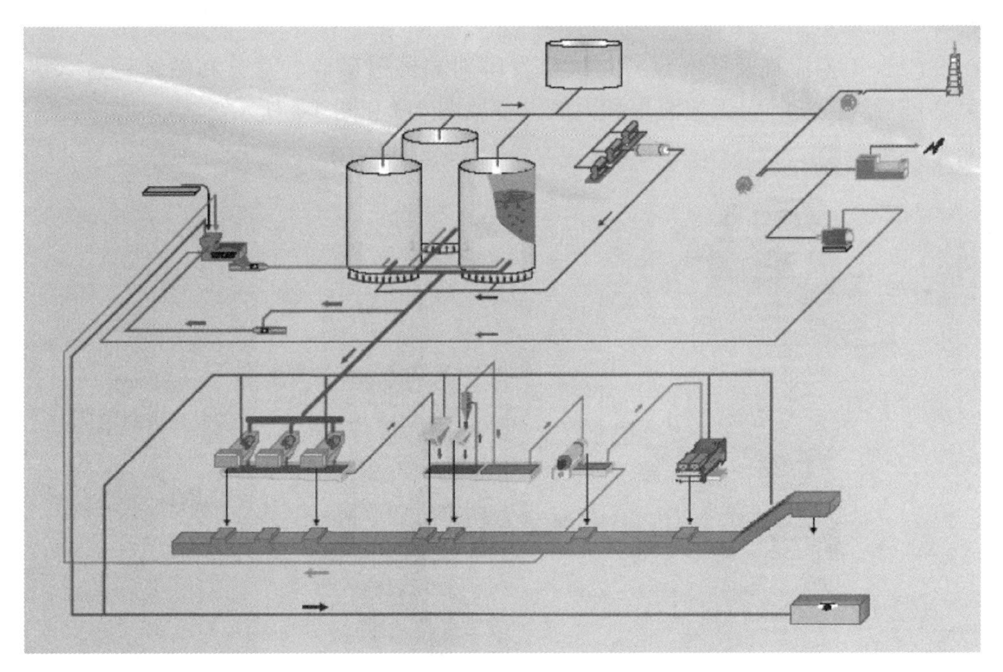

图 4-1 Valorga 工艺流程图

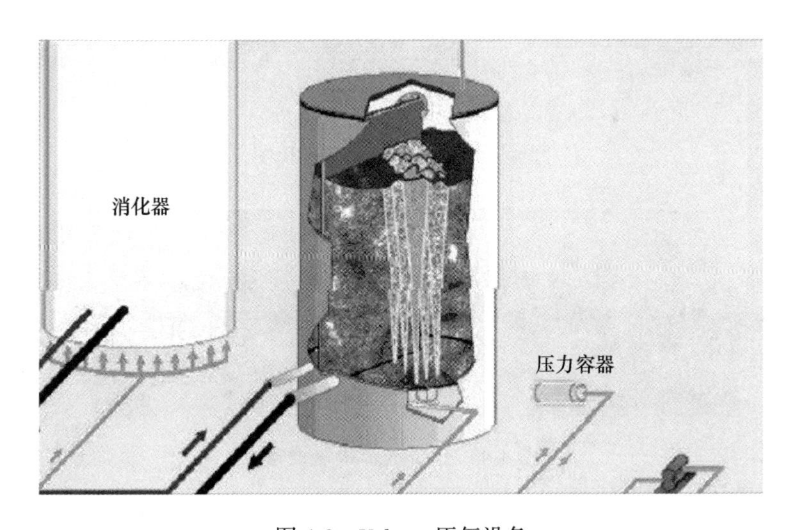

图 4-2 Valorga 厌氧设备

工艺的工厂。其中，位于北京的生活垃圾综合处理项目由首创环保参与了设计、建设、调试与运营，积累了丰富的建设和运行经验。

4.2.2 Hitachi Zosen Inova 公司 Kompogas 卧式圆筒型干式发酵系统

（1）处理对象。园林废物、生物质废物、混合收集中的有机物、餐饮、厨余等有机垃圾。

(2) 工艺流程及厌氧设备。厌氧发酵对象经过破碎、筛分和磁选后进入厌氧罐进行厌氧发酵。工艺流程和厌氧设备如图 4-3 和图 4-4 所示。

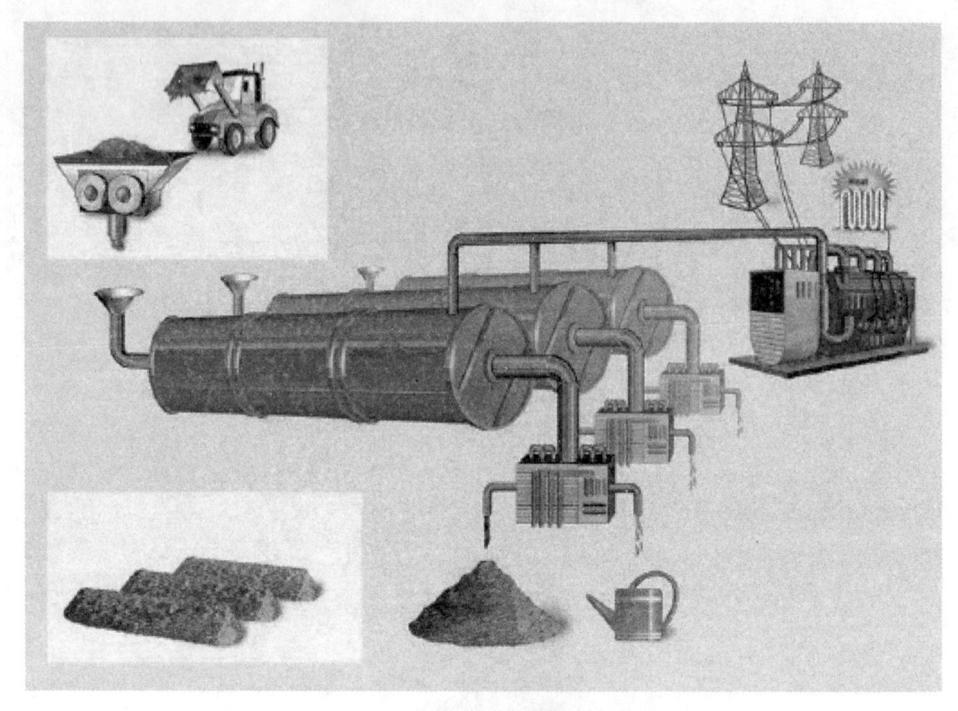

图 4-3 Kompogas 工艺流程图

图 4-4 Kompogas 厌氧设备

(3) 进料出料及罐内物料运移方式。通过转子泵连续进料；罐内通过一根长搅拌轴，转速 2~3r/min，横向搅拌并推动物料，物料以水平柱塞流形式运移；出料为搅拌轴推到出料口，跌落入出料槽，无轴螺杆提升输出。用泵排出消化残余物，约 1/3 的出料回流以供接种微生物。

(4) 厌氧发酵参数。

进料尺寸：<8cm

温度：55℃

停留时间：14~18d

罐内物料平均 TS：25%

容积负荷：6~12kg/(m^3·d)(TS)

罐体容积：1300m^3和 1500m^3两种类型

业绩：世界范围已建成 38 座应用 Kompogas 工艺的工厂

4.2.3 德国 Strabag 公司的 LARAN 卧式方形干式发酵系统

（1）处理对象。生物质废物、污泥、粪便、MSW 中的细组分、有机食品废物、农业废物、庭院废物。

（2）工艺流程及厌氧设备。厌氧发酵对象经过破碎、筛分和磁选后进入厌氧罐进行厌氧发酵。工艺流程和厌氧设备如图 4-5 和图 4-6 所示。

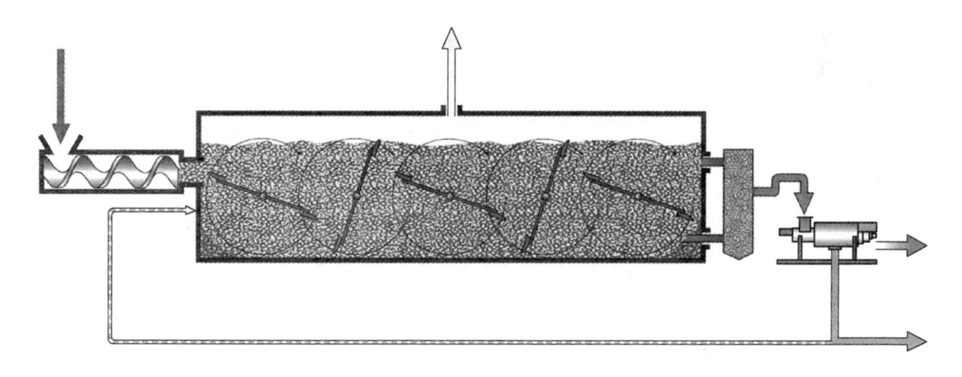

图 4-5 LARAN 工艺流程图

图 4-6 LARAN 设备内部构造

（3）进料出料及罐内物料运移方式。LARAN 工艺是两段式厌氧工艺，在进入厌氧消化罐前先在预发酵槽停留一定的时间，然后通过螺旋进料器给消化罐进料，从方形罐的一侧进入，物料是平推流的方式移动，罐内有数个搅拌器，方形消化罐的另一侧采用真空抽吸出料。

(4) 厌氧发酵参数。

进料尺寸：<6cm

温度：55℃

停留时间：21~29d

进料 TS：20%~35%

罐内物料平均 TS：16%~27%

出料 TS：16%~20%

容积负荷：7~10kg/(m^3 · d)(TS)

罐体有效容积：1900m^3

业绩：世界范围已建成 20 座应用 LARAN 工艺的工厂，其中有一座在中国的厦门

4.2.4 比利时 OWS 的 Dranco 立式储存桶型干式发酵系统

(1) 处理对象。餐饮、园林、厨余等有机垃圾。

(2) 工艺流程及厌氧设备。厌氧发酵对象经过破碎、筛分和磁选后进入厌氧罐进行厌氧发酵。工艺流程和厌氧设备如图 4-7 和图 4-8 所示。

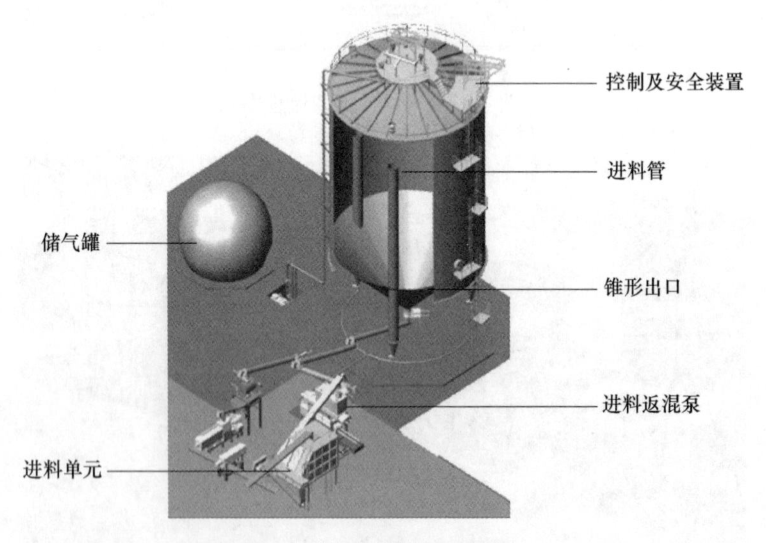

图 4-7 Dranco 工艺流程图

(3) 进料出料及罐内物料运移方式。进料与厌氧罐出料按 5∶1 至 8∶1 比例混合后，用水泥泵将物料运送至圆柱形消化器顶部进料，物料在厌氧发酵器中垂直向下运移，消化罐在底部出料。因此，实际上物料单次在厌氧消化罐中停留时

图 4-8 Dranco 厌氧设备

间为约 3d，但由于大物料回流，使其重复在消化罐中的移动 6~7 次，从而使得总的停留时间约 20d。

（4）厌氧发酵参数。

进料尺寸：<4cm

温度：35℃或 55℃

停留时间：约 20d（55℃）或 30d（35℃）

进料 TS：约 32%

罐内物料平均 TS：20%~35%

容积负荷：5~10kg/(m^3 · d)(TS)

罐体有效容积：3275m^3

业绩：欧洲已建成 25 座应用 Dranco 工艺的工厂，亚洲已建成 3 座应用 Dranco 工艺的工厂。在中国杭州有应用

4.2.5 干式厌氧技术特点比较

干式厌氧发酵工艺需解决高含固率与传质的矛盾，需保持罐内物料的均质性避免相分离，所以对罐体结构以及搅拌方式的要求非常高，这也是干式厌氧发酵工艺的技术难点。

以上四种代表性干式技术从罐体结构上分为两种类型，一类为立式罐结构，如法国 Valorga 和比利时 Dranco 工艺，另一类为卧式结构，如瑞典 Kompogas 和德国 Strabag LARAN 工艺；从搅拌方式上有三种形式，气体搅拌、回流搅拌和机械搅拌，前两种搅拌形式，罐内都没有机械搅拌装置。出料口的设置四种工艺都是采用罐体底部出料，但立式罐结构都是采用重力出料，无需再配置动力出料装置，而卧式罐体中瑞典 Kompogas 工艺是依靠罐内搅拌轴将物料推送出料，德国

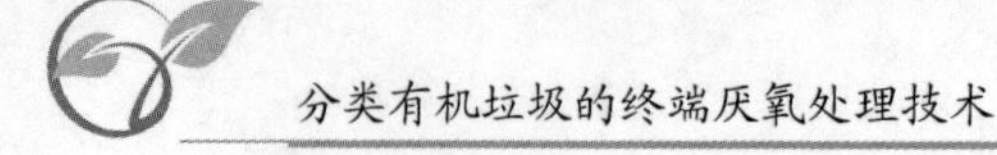

Strabag LARAN 工艺是在出料端采用真空抽吸出料的方式。

干式厌氧系统运行过程控制的要点除对生化系统的控制外，另一个关键问题是保证高效的搅拌操作，也是避免罐内物料发生相分离的重要手段之一，通常干式厌氧发酵过程需要严格控制罐内物料的含固率、黏度、进罐惰性物比例等内容，对于干式厌氧发酵系统不论采用立式结构还是卧式结构，一旦发生相分离，罐内都会发生重质、水相和轻质的三相分离，重质的砂石沉降在消化罐底部，轻质的塑料等杂物漂浮在消化罐顶部，而水相居中。出现这种情况后，对于卧式的机械搅拌方式，如德国 Strabag 和瑞典 Kompogas 工艺，罐体内的沉积物将导致机械搅拌失效无法搅拌，在不清罐的情况下几乎没有可能再使系统恢复运行状态；比利时 Dranco 工艺由于采用底部锥底出料，一旦发生相分离，沉淀物将堵塞出料口，也需要清罐后再重新启动。法国 Valorga 立式工艺，采用底部高压沼气搅拌，沉积会降低搅拌效率，但不影响高压沼气搅拌的操作，同时立式罐体出料口设置有低位和高位出料口，当沉积物将低位料口堵塞后，可采用高位料口继续出料和回流，再加上高压气体搅拌的正常运行，可在不清罐的状态下恢复罐体的运行。

5 成渝地区生活垃圾处理现状

5.1 成渝地区生活垃圾处理现状

5.1.1 成渝地区城镇生活垃圾收运处置现状

成渝地区是西南地区经济增长的核心区域，近年来随着经济快速发展和人口不断聚集，生活垃圾产生量迅速增长，并且随着区域聚集人口密度不同，产生量地区分布差异较大。据统计，成都市过去十余年来，地区生产总值基本保持在7%以上高速增长，聚集人口超过1600万，2015年“11+2”（成都的11个行政区+1个高新技术开发区+1个天府新区成都直管区）范围的中心城区生活垃圾清运量已达到354万吨，同比2010年增长47.5%。与此同时成都市超过95%的增长人口集中在中心城区，中心城区垃圾清运量占全市清运量的80%，重庆市超过1/3的人口聚集在主城区，主城区垃圾清运量占全市清运量的56%。因此保障城镇生活垃圾收运处置体系运转正常是各地政府生活垃圾管理的核心重点。

目前成渝地区城镇生活垃圾仍以混合收运处置为主，垃圾分类收运处置总体比例不大，因此下面将主要介绍成渝地区城镇生活垃圾混合收运处置现状。城镇生活垃圾收运处置过程可分为收集、运输、处置三个紧密相连的环节。

5.1.1.1 收集环节

生活垃圾从产生源转移到收集站（点）的过程属于收集环节。这个过程可分为人们将生活垃圾投入附近的垃圾桶（箱）等收集容器或垃圾房等收集设施，物业保洁人员或垃圾收集人员集中收集至相应的收集站（点）两个阶段。

收集环节是与人们日常生活接触最紧密的环节，也是整个收运处置过程中最复杂的环节。主要体现在：一是收集容器的样式众多，成渝地区常见的有标准塑料垃圾桶、圆形PE桶、果屑箱、拖挂式箱体、铁质垃圾桶等，实际上各种敞口容器如竹篓、木箱等都会被用作垃圾收集容器；二是收集设施建筑类型繁多，成都市已基本淘汰敞口垃圾池，收集设施以垃圾房、垃圾容器间、围栏式收集点为主，而成渝地区内仍有大量垃圾池、地坑式收集点等；三是多种收集方式并存，如成都市中心城区不允许临街设置垃圾收集点，临街商铺生活垃圾采用巡回上门收集的方式，而居民小区、写字楼等则采用定点收集的方式；四是参与主体多元，投放垃圾的人、负责设置收集设施和容器的物业服务企业、社区、垃圾收集企业、政府环卫部门都是收集环节的参与者，各方关系错综复杂；五是收集过程复杂，如一些老旧院落往往仅设置 1 个垃圾收集点，摆放几个垃圾桶供居民自行投放生活垃圾，垃圾收集人员只负责该收集点生活垃圾外运，而一些大型物业小区和商场会设置多个小型收集点，由物业保洁人员将小型收集点生活垃圾集中转移至小区、商场区域内或公共场所的大型收集站（点），再由垃圾收集人员外运，还有一些居民区设置多个小型收集点，需要垃圾收集人员到每个收集点收集外运。

正是由于收集环节的复杂性，现行标准规范难以做出细致规定来指导收集作业过程，成渝地区在收集环节也出现了一些问题：一是收集站（点）建设滞后，许多收集站（点）是在主体建筑完成甚至投入使用后才设置，由于存在邻避效应因而特别容易引发矛盾；二是硬件设施设备不完善，收集点占地偏小、收集容器数量不足容易出现垃圾满溢，收集容器类型与收集车辆不匹配造成收集作业时间增加，增大垃圾收集人员劳动强度，收集点建筑物功能缺失，没有照明、排污、冲洗设施，密闭性差，通风条件不好；三是收集管理不规范，收集点环境卫生差，容易滋生蚊蝇，收集装车过程中污水、扬尘污染严重，设施设备缺失破损得不到及时更换修复，脏乱差的环境加深了环卫设施的邻避效应，导致人们宁可随意扔在收集点附近地面，也不愿意走近投放。

总的来说，成渝地区城镇生活垃圾基本能得到有效收集，偶有乱丢乱扔现象，收集过程出现的问题尚未引起人们的足够重视，细节管理还有待提高。

5.1.1.2 运输环节

生活垃圾从收集站（点）转移到处理处置设施的过程属于运输环节。生活垃圾运输环节常见的两种作业模式分别是转运模式和直运模式，两者互为补充。直运模式可以减少运输中间环节和垃圾暴露时间，避免转运站选址建设难以落地的困境，避免转运站渗滤液处理的问题，但同时也存在着行驶线路增长难以保障垃圾及时收运、车辆严重亏载增加运行成本、机械作业噪声扰民等问题。从经济角度看，一般运输距离不超过 10km 时可以采用直接运输方式，而当运输距离超过 10km 时，宜采用转运模式，设置垃圾转运站。成都市和重庆市都是特大型城市，垃圾处理设施往往都远离城市主城区，单程运距都超过 10km，目前成渝两市城镇生活垃圾运输以转运模式为主。

成渝两市城镇生活垃圾转运过程以一级转运为主，但随着垃圾量和运距的增加，转运过程逐渐向二级转运方式转变。两市都在加大生活垃圾转运站规划建设力度，如重庆市主城区已建成界石二次转运站，在建走马和夏家坝两座二次转运站，主城区生活垃圾将经一级压缩转运后运至二次转运站，再次压缩后运往焚烧厂或填埋场；成都市已建成 55 座生活垃圾压缩转运站，总压缩转运规模达到

12660t/d，仅金牛区采用二级转运，但各区也在按照二级转运的要求逐步完善生活垃圾转运设施布局。成渝两市城镇生活垃圾转运站以中小型水平压缩转运站为主，成都市有7座大型转运站，重庆市主城区界石、走马和夏家坝3座二次转运站是全国规模最大的超大型转运站，总转运规模超过10kt/d。

成渝两市城镇生活垃圾收集运输作业市场化程度较高。两市在2003年左右开始推进环卫作业市场化改革，目前重庆市主城区生活垃圾清运和处理全部由重庆市环卫集团有限公司独家负责。成都市城镇地区一次运输环节已全面实现市场化作业，以街道办事处辖区为单位划分若干标段，垃圾收集运输纳入清扫保洁环卫作业服务内容由多家中标环卫企业负责，而在二次运输环节，新建的大中型转运站都实现了市场化运营。从近年各地环卫作业市场化项目来看，生活垃圾收运处理一体化项目的比例增长明显。成都崇州市城乡环卫一体化PPP项目是成都市首个收运处理一体化项目，该项目由北京环境卫生工程集团有限公司实施，负责崇州市城区及8个乡镇现有建成区及公路（S106线、怀华路）内道路清扫保洁、绿地养护保洁、水域河道保洁、生活垃圾清运、公厕运维改造、广场和人行道修补、重大活动应急保障、生活垃圾处理投资运营维护等。

总的来说，成渝两市作为特大型城市，城镇生活垃圾主要采用压缩转运是符合实际情况的，但随着城市规划的调整和渗滤液处理等环保标准的提高，部分建成时间较早的转运站急需提升改造。

5.1.1.3 处理环节

生活垃圾处理处置是整个生活垃圾收运体系的末端环节，无害化是垃圾处理的基本要求。据统计，2015年全国城镇生活垃圾无害化处理率达到90.2%，而成都市城镇生活垃圾无害化处理率达到98%，重庆市主城区达到99%，均超过全国平均水平。国内生活垃圾处理目前仍以卫生填埋为主，但焚烧处理比例增长迅速，特别是大中城市焚烧处理成为生活垃圾的首选处理方式。

2007年成都市确定了“中心城区生活垃圾以焚烧处理为主、填埋为辅，远郊县市以填埋为主、焚烧为辅”的处理技术路线，“十二五”期间，成都市提出了“基本实现原生生活垃圾零填埋”的目标，全市生活垃圾处理向全量焚烧迈进，全市按照“城乡统筹、区域共享”的原则规划建设10座大型生活垃圾焚烧发电厂，设计焚烧日处理能力达到18200t。2016年成都市生活垃圾焚烧处理量约2120kt，2017年底，成都隆丰环保发电厂将建成，全市大型环保发电厂将达到4座，设计焚烧日处理规模达到7500t，成都金堂、成都简阳、成都万兴（二期）等5座大型环保发电厂已启动前期工作，预计2020年左右建成运营，届时全市生活垃圾焚烧处理比例超过90%。

成都市现有8座生活垃圾卫生填埋场。其中成都市固体废弃物卫生处置场是全市唯一一座大型生活垃圾卫生填埋场，也是全市兜底的生活垃圾处理设施，位于龙泉驿区洛带镇，设计处理规模为3600t/d，目前实际进场垃圾约7000t/d；其余7座卫生填埋场位于远郊县市，主要处理各自辖区内的生活垃圾，总设计处理规模约1400t/d，目前实际进场垃圾超过3000t/d。

重庆市主城区同样确定以焚烧为主的生活垃圾处理技术路线。重庆市主城区现仅有重庆江北区黑石子垃圾填埋场1座，目前进场垃圾约3500t/d；主城区规划建设4座大型焚烧发电厂，设计焚烧日处理能力达到11100t。2017年底，重庆百草园垃圾焚烧发电厂将建成，重庆市主城区大型焚烧发电厂将达到3座，设计焚烧日处理规模达到8100t，重庆洛碛垃圾焚烧发电厂已启动前期工作，预计2020年左右建成运营，届时主城区基本实现全量焚烧处理。与此同时，重庆市郊区（市）县焚烧发电厂建设也在持续推进，已建成设计日处理规模800t的重庆万州垃圾焚烧发电厂，重庆涪陵长寿、重庆綦江、重庆黔江等垃圾焚烧发电厂也在建设中。预计2020年全市焚烧处理能力达到14700t/d，焚烧处理比例达到85%。

总的来说，成渝两市都以焚烧处理作为城镇生活垃圾主要处理方式，提出原生生活垃圾全量焚烧的目标，加快建设大型生活垃圾焚烧发电设施，预计2020年左右焚烧处理比例将达到85%以上，卫生填埋场将作为焚烧飞灰填埋和应急处置场所。

5.1.2 成渝地区乡村生活垃圾收运处置现状

四川省自古以来被称作“天府之国”，成都市位于成都平原腹地，境内地势平坦、河网纵横、物产丰富，农业生产发达，农业人口约占全市总人口的一半，农村居住点分布受地形影响明显，呈大散居、小聚居的空间分布特征，多沿国道、河流、城镇集中居住，或零星散点分布，大部分农村居住点分布在平原地区，其余散居在东、西及北边丘陵山地地区。重庆市境内以丘陵、山地地形为主，地势复杂，造成农村居住点点、线、带等多样化空间分布的特征。成渝地区农村居住点空间分布的复杂性和不均衡发展的城乡二元结构，使得过去农村生活垃圾基本处于无序管理状态，大多就地自行处理，从而影响农村环境容貌。2005年党的十六届五中全会提出了建设社会主义新农村的宏伟蓝图，各地纷纷加强城乡环境综合治理，农村生活垃圾管理重视程度明显提高，经长期实践逐渐形成了一套行之有效的农村生活垃圾收运处置体系。成渝地区农村生活垃圾收运处置体系大同小异，这里重点介绍一下成都市农村生活垃圾收运处置情况。

成都市2006年因地制宜地开创了“城乡统筹、全域推进”的农村生活垃圾集中收运处置新模式，找到了一条适合农村生活垃圾城乡一体化收运处理的新途径，即“户集、村收、镇运、县处置”的四级处理模式。“户集”是由农户自行将自家产生的生活垃圾集中投放到指定地点，“村收”是指由各村组织保洁员将农户家庭产生的生活垃圾收运到指定收集站点，“镇运”是各乡镇组织车辆将各村生活垃圾从收集站点集中运输至处理设施，“县处理”是县级政府对全县生活垃圾进行集中无害化处理。

2009 年，按照“户集、村收、镇运、县处理”的要求，成都市 14 个区（市）县、238 个镇（乡）、2656 个村（社区）全部完成农村生活垃圾集中收运体系建设，设置垃圾桶近 22000 个，建成垃圾中转房 8804 个，建成 6 座乡镇生活垃圾压缩转运站，惠及农村人口 568 万人，农村生活垃圾乱倒乱扔的现象明显减少，农村生活环境明显改善，农村环境质量得到明显提高。2010 年起，又实施了农村生活垃圾收运体系提升工程，加密收运设施，并对收集站（点）进行标准化、景观化改造；同年，郊区（市）县 7 座县级生活垃圾卫生填埋场和 1 座县级生活垃圾焚烧厂全面建成，设计处理能力约 2000t/d，农村生活垃圾无害化处理能力得到极大提升。

近年来成都市大力实施城乡统筹发展战略，全市农村生活垃圾收运处置体系已经融入城市生活垃圾收运处置体系，城乡收运处理设施实现统筹规划和区域共享。而随着农村生活水平的提高和乡村旅游的兴起，据估计，成都市 2016 年农村生活垃圾日均产生量已超过 3800t，已远超填埋处理能力，结合全市垃圾焚烧处理设施建设，农村生活垃圾也逐渐由卫生填埋变为焚烧处理。目前郊区（市）县已建成 38 座生活垃圾压缩转运站，压缩转运能力约 6200t/d；已建成的 7 座生活垃圾卫生填埋场将逐渐用于填埋飞灰固化物和应急填埋场所，已建成的 1 座生活垃圾焚烧厂将扩建为大型环保发电厂，实现周边县市生活垃圾共享处理。

总的来说，成渝地区农村与城镇生活垃圾收运处置体系已逐渐合二为一，农村生活垃圾无害化处理水平明显提高，但在多年的运行实践中也逐步暴露出一些不足之处，一是农村生活垃圾大幅增加了城镇生活垃圾处理设施负担，原设计仅处理城镇生活垃圾的卫生填埋场库容急剧减少，使用年限大幅缩短，调节池、渗滤液处理站等配套设施处理能力严重不足，已严重影响填埋场运行安全；二是农村生活垃圾中含有的大量有机物没有就地回收利用，运往城镇生活垃圾处理设施处理增加了运输处理成本，随着农村生活垃圾产生量的增长，地方财政压力日益紧张。

5.1.3 成渝地区生活垃圾分类收集情况

生活垃圾分类是指按照“减量化、资源化、无害化”的目标，对单位和个人在日常生活中或在为日常生活提供服务的活动中产生的固体废弃物按照其成分、属性、利用价值、对环境的影响及现有处理方式的要求进行分类投放、收集、运输，并进行分类处置、回收利用的过程。

生活垃圾分类既要求居民在前端将生活中产生的有害垃圾、可回收物、厨余垃圾、大件垃圾等进行分类投放，又要求在中端有效整合和衔接现有环卫收运体系、再生资源回收体系，建立有害垃圾单独收运体系，实现生活垃圾分类收集、分类运输，同时还需要在终端配套建设各类垃圾资源化利用项目和无害化处理设施，确保经过分类的垃圾得到分类处理。因此，与传统垃圾处理相比，生活垃圾分类收集处理是一项包含资源循环利用和废弃物无害化处置的系统性工作。

2017 年 3 月 30 日，国务院办公厅发布《生活垃圾分类制度实施方案》，生活垃圾分类工作得到前所未有的重视，各地纷纷加快推进生活垃圾分类收运处置体系的建设。作为西南地区的领头羊，成都和重庆两座城市生活垃圾分类收运处置状况在一定程度上也代表了成渝地区的整体情况。

5.1.3.1 试点阶段

成渝两地生活垃圾分类收集试点各自以不同的模式展开。

成都市生活垃圾分类收集试点于 2010 年启动，中心城区各区政府以“政府配置分类容器、物业具体实施”的方式，选择一些物业小区开展垃圾分类试点，分类方式由各区自行决定，但主要按照“餐厨垃圾、可回收物、其他垃圾和有害垃圾”四类进行分类收集，截至 2015 年中心城区参与试点的院落达到 711 个。而郊区（市）县政府垃圾分类试点集中在农村地区，2011 年起主要按照“干垃圾、湿垃圾、有害垃圾”三类进行分类收集，结合农村生活垃圾收运体系形成“户分类、组分拣、村分流、镇运输、县处置”的分类收运处置模式，2014 年底，共有 221 个乡镇、1956 个村（社区）开展了农村生活垃圾前端分类收集处置工作，建设农村生活垃圾堆肥点约 1000 个，可回收物镇级回收站 230 余个，村级回收点约 1800 个，设置垃圾收集桶 4.5 万个，配置垃圾转运车 600 余台，配置村级保洁员 2.3 万人。

重庆市主城区垃圾分类试点始于 2009 年，九龙坡区市政园林局率先与垃圾分类服务企业合作，由垃圾分类服务企业进入小区进行宣传发动和分类回收，但因企业亏损试点工作于 2014 年 5 月停止，期间参与小区数最多达到 40 多个，参与家庭 2 万余户。

总的来说，试点阶段成渝两市的垃圾分类并未取得预期效果，但也暴露出生活垃圾分类缺乏顶层设计、系统性认识不足的问题，为下一阶段的示范推广奠定了基础。试点过程也收获一些重要经验：一是引入第三方分类服务企业是解决垃圾分类流于形式的重要途径，2012 年，成都市锦江区引入成都市绿色地球环保科技有限公司，建立起“签约注册、垃圾积分、积分兑换”的分类市场化运作体系，2014 年底签约达到 8 万余户，回收可回收物 3800 余吨，生活垃圾减量约 3%；二是充分利用信息化技术手段实现垃圾产生源头管理，在锦江区的市场化

试点中，二维码在国内首次被用于标识参与用户信息，分类APP应用、垃圾分类管理信息化系统等技术手段的广泛使用，极大地促进了垃圾分类收集的普及。

5.1.3.2 示范推广阶段

按照建设生活垃圾分类示范城市和实施强制分类的要求，成渝两地都开始通过推进垃圾源头分流、合理制定分类方式、提升收运处置能力、分类服务市场化、机关行业示范引领等措施着力推进城乡生活垃圾分类工作。

实行各类垃圾源头分流。将原来混入环卫部门收运的生活垃圾中餐饮垃圾、果蔬垃圾等从源头分流，建立单独收运处理体系。成都市和重庆市主城区都是全国首批餐厨垃圾无害化处理资源化利用试点城市。成都市2013年开始单独收运中心城区餐厨垃圾，投入专用收集车138辆，将餐厨垃圾收运作业纳入清扫保洁环卫作业服务内容实现收运服务市场化，2016年收运餐厨垃圾约5万吨。重庆市主城区2009年开始单独收运餐厨垃圾，2016年农贸市场果蔬垃圾转运站建成，果蔬垃圾实现单独收运，餐厨垃圾和果蔬垃圾收运服务实行市场化，由重庆市环卫集团有限公司负责实施，2016年收运各类易腐垃圾57.6万吨。

合理制定分类方式。成都市目前餐厨垃圾等有机易腐垃圾处理能力不足，因此将生活垃圾分为“可回收物、其他垃圾、有害垃圾”三类，鼓励双流区、新津县等具备餐厨垃圾处理能力的地区将厨余垃圾单独分离。重庆市将生活垃圾分为“可回收物、其他垃圾、易腐垃圾、有害垃圾”四类，其中易腐垃圾包括餐厨垃圾、果蔬垃圾和厨余垃圾，全部运往黑石子餐厨垃圾处理厂处理。

提升收运处置能力。按照分类运输、分类处置的要求，成渝两地加快构建分类收运处置体系。一方面不断完善城乡分类收集容器配置，购置分类运输车辆，新建改建具有分类转运、拆解、分拣、暂存等功能的综合性转运站；一方面加大力度推进环卫收运体系与再生资源回收体系两网融合，实现大件垃圾在内的可回收物由废品收购人员、废品回收企业、环卫作业人员、分类服务企业等多元主体回收；另一方面加快规划建设生活垃圾焚烧发电厂、餐厨垃圾处理厂和有害垃圾处理厂等与前端分类方式相匹配的末端处理设施，例如成都市为实现餐厨垃圾和厨余垃圾无害化处理和资源化利用，采用BOT方式已建成1座、在建1座大型餐厨垃圾处理设施，总设计处理规模达到500t/d，同时规划还将新建约10座餐厨垃圾处理设施。重庆市黑石子餐厨垃圾处理厂已完成餐厨垃圾、果蔬垃圾与污泥协同处置设施建设，2016年黑石子餐厨垃圾处理厂日均处理近1600t，约占主城区生活垃圾处置量的17%。

大力推进分类服务市场化。2015年，成都市在锦江区垃圾分类服务市场化的基础上，在中心城区六个城市管理示范片区内通过政府采购引入成都市绿色地球环保科技有限公司、成都亿考再生资源回收有限公司开展垃圾分类服务。2015

年9月，成都市政府确立了到2020年城乡生活垃圾分类覆盖率达60%，到2025年达80%的目标，随后金堂县、新都区、成华区等在2016年也都实行垃圾分类服务市场化。

发挥政府机关和行业单位示范引领作用。由于居民家庭生活垃圾分类推进成效不明显，成渝两地都选择将政府机关及部分行业单位作为实施垃圾分类的突破口。2015年，重庆市主城区各区选择1个街道进行分类收运示范工作，全面开展辖区内机关事业单位、学校、农贸市场、超市的生活垃圾分类工作。成都市2016年率先在中小学校、党政机关、写字楼、商业综合体启动垃圾强制分类工作，市教育局将生活垃圾分类教育纳入学校教育计划，通过3年时间实现全覆盖；市机关事务管理局组织在全市党政机关办公区域开展生活垃圾分类，通过2年时间实现全覆盖；市商务委组织在50座写字楼宇开展生活垃圾分类工作，力争3年实现全市建筑面积5万平方米以上写字楼宇全覆盖。

与此同时，成渝两地从构建组织体系、制定法规标准、强化宣传引导等方面保障生活垃圾分类收运处置顺利实施。

构建组织体系。成都市成立了以副市长为组长，市发改、环保、教育、城管等23个市级部门为成员的生活垃圾分类工作推进领导小组，重庆市则由市政管委会总揽全局。两地都建立了市级部门联络员制度和联席会议制度，定期召集成员单位及各区（市）县政府分管领导研究解决分类工作中的相关问题，通报工作推进情况。指导各区（市）县成立领导小组及其办公室，制定工作实施方案，初步建立了电子台账管理制度和监督考评通报制度。

制定法规标准。两地都正在制定生活垃圾分类管理办法等地方性法规。成都市修订后的《成都市市容和环境卫生管理条例》已正式施行，明确生活垃圾分类工作牵头部门及相关部门职责，《成都市生活垃圾跨区（市）县处理环境补偿办法》及《成都市调整生活垃圾处理服务费承担机制和建立生活垃圾跨区（市）县处理环境补偿机制实施细则》已经出台，尝试用经济手段促使各区积极开展垃圾分类减少垃圾焚烧量。重庆市制定的《重庆市生活垃圾分类设施设置及标识导则》已正式印发，成都市正在制定生活垃圾分类相关标准。

强化宣传引导。两地纷纷通过现场宣传、印发宣传资料、投放宣传广告等多种形式积极宣传垃圾分类。如成都市在市城管委门户网站开设“成都市生活垃圾处置及生活垃圾分类”公开信息窗口，印发《成都市家庭生活垃圾分类简明指引》、《成都市学校生活垃圾分类简明指引》等宣传资料，2016年底，全市累计发放宣传资料105万份，举办现场宣传活动6800场，设立固定宣传栏5200个。

总的来说，成渝地区生活垃圾分类收集已经取得一些成效，例如2016年成都市将垃圾分类覆盖户数列入区（市）县政府民生目标进行考核，年底开展分类的小区（院落）已达到3000余个，参与生活垃圾分类的居民达63万户（不含

简阳市），全市已有340余所中小学校、270余家机关单位、近40个商业综合体开展垃圾分类，生活垃圾分类覆盖率达12.4%，分离可回收物7.85万吨，有害垃圾300余吨。但是成渝地区生活垃圾分类收集仍存在以下主要问题：一是受末端处理设施限制，推进生活垃圾先分流后分类的底气略显不足；二是现行分类服务市场化按户计价，投入与产出性价比不高；三是受规模和经济技术限制，农村生活垃圾分类后的有机垃圾就地处理产业尚未形成，导致农村分类收集进展缓慢。

5.2 适合西南地区生活垃圾处置的技术路线

生活垃圾收运处置技术路线的选择应遵循“减量化、资源化、无害化”原则，因地制宜确定。从成渝地区生活垃圾收运处置现状来看，“以源头分流减少末端处理量、以垃圾分类实现资源化利用、以焚烧填埋确保无害化处置”是大势所趋，也是西南地区生活垃圾收运处置的总体技术路线。具体而言，城镇地区、农村集中居住区、散居地区和偏远地区有所区别。

5.2.1 城镇地区

城镇地区是城市经济发展的核心区域，人口密集，土地资源紧张，环境承载力低，各类垃圾都必须外运处理处置。由于各类垃圾产生规模巨大，必须在短时间内得到妥善处理，因此城镇地区首要解决无害化处理问题。焚烧和卫生填埋是应用最广泛的生活垃圾无害化处理方式。据统计，2015年底全国生活垃圾卫生填埋处理能力达到502kt/d，焚烧处理能力达到235kt/d，焚烧和卫生填埋处理能力所占比例分别为31%和66%，而2010年焚烧和卫生填埋所占比例分别为20%和77%，2005年焚烧和卫生填埋所占比例分别为11%和78%，上述数据说明尽管我国目前生活垃圾处理方式以填埋为主，但卫生填埋处理规模已在迅速下降，而焚烧处理能力在“十一五”、“十二五”期间增长迅速，焚烧处理所占比例在不断增加，2015年东部地区焚烧处理所占比例甚至已达到48%。从处理设施数量看，2010年底全国城镇共建有919座卫生填埋场和119座生活垃圾焚烧厂，2015年底全国城镇共建有1478座卫生填埋场和257座生活垃圾焚烧厂，分别增长61%和116%，这说明城镇地区建设焚烧厂的意愿更强。结合全国生活垃圾处理发展趋势，焚烧处理技术减量明显，对进场垃圾要求低，应作为西南地区城镇生活垃圾无害化处理技术的首选。在实现无害化处理的基础上，按照“先分流、后分类”和“末端处理决定前端分类”的思路，开展垃圾分类收集和资源化利用。因此适合西南地区城镇生活垃圾处置技术路线为“焚烧为主、区域共享、源头分流、分类处理”。

5.2.2 农村集中居住区

农村集中居住区既是农村村落自然发展的结果也是城镇化过程和新农村建设

的产物，包括自然聚集群落、新型集中居住社区、田园综合体等，呈现“大散居、小聚居”的空间特征。农村集中居住区人口密集、水电气等基础设施较完善，具有一定的环境承载力，部分种类垃圾可就近集中处理处置。结合农村生活垃圾分类收运处置体系建设，农村集中居住区可将适宜集中就近处理的餐饮垃圾、果蔬垃圾、园林垃圾等分流，其余垃圾纳入农村生活垃圾分类收运处置体系收运处置。因此适合西南地区农村集中居住区的生活垃圾处置技术路线为“源头分流、干湿分离、就近处理、分类运输”。

5.2.3 散居地区

散居地区是有零星农户居住或微型聚居的平原、丘陵地区，地广人稀，基础设施不完善，但交通方便，具有一定的环境承载力，厨余垃圾、果蔬垃圾等部分种类垃圾可通过喂养家畜家禽、沤肥等方式就地分散消纳处理，其余垃圾纳入农村生活垃圾分类收运处置体系收运处置。因此适合西南散居地区的生活垃圾处置技术路线为“干湿分离、就地利用、分类运输”。

5.2.4 偏远地区

偏远地区是与城镇地区相距遥远的聚居区或交通不便的山区，通常地广人稀、基础设施缺乏，具有一定的环境承载力，生活垃圾只能就地处理处置。由于偏远地区通常经济落后，人口密度小，垃圾产量不大且以有机垃圾为主，因此适合散居地区的生活垃圾处置技术路线为“干湿分离、就地利用、填埋处置”。

综上所述，推进生活垃圾分类收运处置是大势所趋，焚烧处理是实现生活垃圾无害化的重要保障，而不同地区采用因地制宜的有机垃圾处理工艺和产业发展模式，则是实现西南地区生活垃圾处置技术路线的关键。

参考文献

[1] 张亚雷，周雪飞，译. 国际水协厌氧消化工艺数学模型课题组编著. 厌氧消化数学模型［M］. 上海：同济大学出版社，2004.

[2] 贺延龄. 废水的厌氧生物处理［M］. 北京：中国轻工业出版社，1998.

[3] 李东. 城市生活有机垃圾厌氧降解的过程机理与工程应用研究［D］. 广州：中国科学院广州能源研究所，2009.

[4] 袁振宏，吴创之，马隆龙. 生物质能利用原理与技术［M］. 北京：化学工业出版社，2016.

[5] 李东，袁振宏，张宇，孙永明，孔晓英，李连华. 城市生活有机垃圾各组分的厌氧消化产甲烷能力［J］. 环境科学学报，2008，28（11）：2284～2290.

[6] 李东，孙永明，袁振宏，孔晓英，张宇. 有机垃圾组分中温厌氧消化产甲烷动力学研究［J］. 太阳能学报，2010，31（3）：385～390.

[7] Dong Li，Yongming Sun，Yanfeng Guo，Zhenhong Yuan，Yao Wang，and Feng Zhen. Continuousanaerobic digestion of food waste and design of digester with lipid removal［J］. Environmental Technology，2013，34（13～14）：2135～2143.

[8] 李东，孙永明，郭燕锋，袁振宏，李连华. 作为厌氧发酵原料的水分选有机垃圾特性分析［J］. 环境科学学报，2008，29（12）：2538～2544.

[9] Li，D.，Yuan，Z. H.，and Sun，Y. M. Semi-dry mesophilic anaerobic digestion of water sorted organic fraction of municipal solid waste（WS-OFMSW）［J］. Bioresource Technol.，2010，101：2722～2728.

[10] 赵鹏，李东，周一民，刘晓风，廖银章. 一株脱硫菌株的分离鉴定及其对硫化物的去除效果验证［J］. 新能源进展，2016，4（6）：425～430.

[11] 李海滨，袁振宏，马晓茜，等. 现代生物质能利用技术［M］. 北京：化学工业出版社，2012.

[12] 徐祥民. 环境与资源法学［M］. 北京：科学出版社，2013.

[13] 彭霄. 城市生活垃圾分类的法律治理［J］. 理论界，2014.

[14] 于立杰. 我国城市生活垃圾处置收费制度研究［D］. 北京：中国政法大学硕士学位论文，2012.

[15] 谭文柱. 城市生活垃圾困境与制度创新——以台北市生活垃圾分类收集管理为例［J］. 城市发展研究，2011.

[16] 王子彦，丁旭，周丹. 中国城市生活垃圾分类回收问题研究——对日本城市垃圾分类经验的借鉴［J］. 东北大学学报（社会科学版），2008.

[17] 蔡守秋，蔡文灿. 循环经济立法研究——模式选择与范围限制［J］. 中国人口资源与环境，2004.

[18] Lombrano A. Cost Efficiency in the Management of Solid Urban Waste［J］. Build Environment，2011，46.

[19] Dinan Terry M. Economic Efficiency Aspects of Alternative Policies for Reducing Waste Disposal［J］. Journal of Environmental Economics and Management，1993.

[20] 高海霞. 我国城市生活垃圾污染防治法律对策研究 [D]. 重庆：西南政法大学，2011.
[21] 吴神宝. 中国循环经济初探 [M]. 北京：中国环境科学出版社，2007.
[22] 张越. 城市生活垃圾减量化管理经济学 [M]. 北京：化学工业出版社，2004.
[23] 赵国青. 外国环境法选编 [M]. 北京：中国政法大学出版社，2000.
[24] 石佑启，朱最新. 地方立法学 [M]. 广州：广东教育出版社，2015.
[25] 中华环保联合会. 中国环境法治 2014 年卷（下）[M]. 北京：法律出版社，2014.
[26] 左铁镛，冯之浚. 中国循环经济法律 [M]. 北京：科学出版社，2008.
[27] 张梓太. 环境与资源保护法学 [M]. 北京：北京大学出版社，2007.
[28] 冯之浚. 循环经济立法研究——中国循环经济高端论坛 [M]. 北京：人民出版社，2006.
[29] 陈泉生. 环境法学基本理论 [M]. 北京：中国环境科学出版社，2004.
[30] 方颖，朱超. 垃圾填满场成城市最大碳库 [J]. 经济环境，2014.
[31] 刘梅. 发达国家垃圾分类经验及其对中国的启示 [J]. 西南民族大学学报，2011（10）.
[32] 余洁. 关于中国城市生活垃圾分类的法律研究 [J]. 环境科学与管理，2009（4）.
[33] 赵宇峰，郭秋霞，易涛. 试析城市生活垃圾分类与循环经济的发展 [J]. 社会科学家，2008（4）.
[34] 李慧明，王磊，张菲菲. 日本家庭在循环经济发展中的经验和做法及对我国的启示 [J]. 东北亚论坛，2007（6）.
[35] 李露一. 日本的垃圾分类 [J]. 社区，2010（9）：59.
[36] 别涛. 中国绝不是垃圾车 [J]. 环境工作通讯，1996（9）.
[37] 曲英. 城市居民生活垃圾源头分类行为的理论模型构建研究 [J]. 生态环境，2009（12）：135~140.
[38] Geller E S，Winett R A，Everett P B. Preserving the environment：new strategies for behavior change [M]. New York：Pergamon Press，1982.
[39] Macey S，Brown M A. Residential Energy Conservation：The Role of Past Experiencesin Repetitive House hold Behavio [J]. Environ Behavior，1983，15（2）：123~141.
[40] 吴书超，李新辉. 国内外生活垃圾源头分类研究现状及对我国的启示 [J]. 环境卫生工程，2010，10（5）：36~37.
[41] 董晓丹，王磊. 城市生活垃圾分类回收探讨 [J]. 环境卫生工程，2009，10：21~22.
[42] 吴书超，李新辉. 社区居民生活垃圾源头分类认知-行为及影响因素调查 [J]. 社区医学杂志，2011（5）：44~46.
[43] 邹宗根. 农村垃圾处理的运营机制创新研究 [D]. 天津：天津商业大学公共管理学院，2011.
[44] 王燕，施维蓉. 德国城市生活垃圾的管理现状及启示 [J]. 污染防治技术，2009（2）：72~75.
[45] 向亨裕. 瑞典生活垃圾的回收与处理及启示 [J]. 低碳论坛，2012，9：52~54.
[46] 刘沐生，刘学英，吕爱清，金永娇. 浅析城市生活垃圾分类回收 [J]. 再生资源与循环经济，2009（2）：37~40.
[47] 姜朝阳，周育红. 论城市生活垃圾分类收集中的公众参与 [J]. 环境科学与管理，2009

（12）：18~21.

［48］汤以成，钱丽燕，干磊．“近期大分流，远期细分类”模式探析——苏州市生活垃圾分类的实践与思考［J］．城市管理与科技，2016（2）．

［49］叶岚，陈奇星．城市生活垃圾处理的政策分析与路径选择——以上海实践为例［J］．上海行政学院学报，2017（3）：69~77.

双峰检